网络技术系列丛书
高等职业技术教育"十三五"规划教材

# 计算机网络技术

**主　　编**　李　俊　王道乾
**副主编**　王　冀　吴立知
**参　　编**　张明飞

西南交通大学出版社
·成都·

## 内容简介

本书是依据高等职业院校计算机网络技术专业的教学要求而编写的，从先进性和实用性出发，系统地介绍了计算机网络基础、网络传输介质、组建简单网络、网络协议与标准、网络寻址、网络分割、路由技术、建设 TCP/IP 局域网、广域网、互联网接入技术、网络管理与网络安全等知识。本书针对高职院校的特点，侧重于实际应用和动手能力的培养，以提高学习者分析问题、解决问题的能力。

本书既可以作为高等职业院校计算机网络技术、通信等电子信息类专业学生的教材，也可以供从事计算机网络技术及相关工作的工程人员学习参考。

---

**图书在版编目（CIP）数据**

计算机网络技术／李俊，王道乾主编．—成都：
西南交通大学出版社，2016.8（2019.12重印）
（网络技术系列丛书）
高等职业技术教育"十三五"规划教材
ISBN 978-7-5643-4930-1

Ⅰ.①计… Ⅱ.①李… ②王… Ⅲ.①计算机网络－
高等职业教育－教材 Ⅳ.①TP393

中国版本图书馆 CIP 数据核字（2016）第 199837 号

---

网络技术系列丛书
高等职业技术教育"十三五"规划教材

| 计算机网络技术 | 主编 | 李　俊<br>王道乾 | 责任编辑　宋彦博<br>助理编辑　秦明峰<br>封面设计　何东琳设计工作室 |
|---|---|---|---|

| | | | |
|---|---|---|---|
| 印张 | 9　　字数　191千 | 出版 发行 | 西南交通大学出版社 |
| 成品尺寸 | 185 mm×260 mm | 网址 | http://www.xnjdcbs.com |
| 版本 | 2016年8月第1版 | 地址 | 四川省成都市二环路北一段111号<br>西南交通大学创新大厦21楼 |
| 印次 | 2019年12月第3次 | 邮政编码 | 610031 |
| 印刷 | 四川煤田地质制图印刷厂 | 发行部电话 | 028-87600564　028-87600533 |
| 书号： | ISBN 978-7-5643-4930-1 | 定价： | 28.00元 |

课件咨询电话：028-81435775
图书如有印装质量问题　本社负责退换
版权所有　盗版必究　举报电话：028-87600562

# 前　言

　　随着社会信息化、大数据、电子商务、各类计算机资源的共享等应用需求的迅速发展，各行业急需大量掌握计算机网络基础知识和拥有一定计算机网络管理、维护技能的专门人才。本书正是为了满足这种需求而编写的。本书的编写目的是使学生了解和掌握计算机网络的基本知识，对网络技术有一个全面的认识，以提高对网络技术学习的兴趣，并对其他网络课程的学习起到启发和引导作用。

　　本书立足于高等职业教育的特点，基于以"工作过程"为导向的高职人才培养模式和教学理念，本着"理论够用，实践为主"的原则，结合计算机网络技术基础的特点，重点培养学生掌握基础理论知识，提高实践应用能力。我们依据计算机网络技术基础知识的系统性和高职学生的认知规律，对教材的结构进行了优化，使之更符合高职计算机网络技术基础教学的发展要求。同时，我们根据计算机网络技术发展动态，对各章内容进行了必要的补充和更新，使某些知识点内容更加充实，并符合计算机网络技术最新发展方向。

　　本书共分为 11 章，分别是第 1 章计算机网络基础、第 2 章网络传输介质、第 3 章组建简单网络、第 4 章网络协议与标准、第 5 章网络寻址、第 6 章网段（子网）分割、第 7 章路由技术、第 8 章建设 TCP/IP 局域网、第 9 章广域网、第 10 章互联网接入技术、第 11 章网络管理与网络安全。全书结构清晰明了，内容循序渐进，由浅入深，适合不同层次学生的需求。本书在编写时突出内容的系统性、实用性，知识点方面突出重点、难点。同时，本书力求将基础理论知识学习与实践应用有机结合，使教学活动更加紧凑，任务更加明确，目标更加清晰，教学效果更加突出。

　　本书由贵州职业技术学院信息工程学院李俊、王道乾担任主编。第 1 章至第 5 章由李俊老师负责编写，第 6 章至第 7 章由王道乾老师负责编写，第 8 章至第 10 章由贵州职业技术学院信息工程学院王冀和吴立知共同编写；第 11 章由贵州职业技术学院张明飞编写。

　　由于编者水平有限，加之计算机网络技术在不断发展，教材中不妥之处在所难免，衷心希望广大读者批评指正，以不断提高本教材的质量。

编　者<br/>2016 年 5 月

# 目 录

**第1章 计算机网络基础** ·········································································· 1
  1.1 计算机网络的发展 ········································································ 1
  1.2 计算机网络的组成 ········································································ 4
  1.3 计算机网络的分类 ········································································ 6

**第2章 网络传输介质** ·············································································· 9
  2.1 电缆传输介质 ················································································ 9
  2.2 光纤传输介质 ·············································································· 18
  2.3 无线传输介质 ·············································································· 21
  2.4 国际标准化组织 ·········································································· 23

**第3章 组建简单网络** ············································································ 25
  3.1 最简单的网络 ·············································································· 25
  3.2 网络连接的基本技术 ·································································· 26
  3.3 以太网交换机 ·············································································· 31

**第4章 网络协议与标准** ········································································ 35
  4.1 OSI 模型 ······················································································ 36
  4.2 TCP/IP 协议 ················································································ 38
  4.3 IEEE 802 标准 ············································································ 48

**第5章 网络寻址** ···················································································· 51
  5.1 IP 地址寻址 ················································································ 52
  5.2 子网划分 ······················································································ 57
  5.3 动态 IP 地址分配 ········································································ 65
  5.4 域名系统 DNS ············································································ 66

**第6章 网段（子网）分割** ···································································· 69
  6.1 中继器 ·························································································· 69
  6.2 冲突域的分割 ·············································································· 70
  6.3 广播域的分割 ·············································································· 72

# 第 7 章 路由技术 ·····73
7.1 路由器 ·····73
7.2 路由表的生成 ·····78
7.3 静态配置路由表 ·····79
7.4 路由协议 ·····81
7.5 默认网关 ·····85

# 第 8 章 建设 TCP/IP 局域网 ·····87
8.1 交换机的级联 ·····87
8.2 构建带冗余链路的交换机网络 ·····90
8.3 虚拟子网 VLAN 技术 ·····93
8.4 子网互连 ·····96

# 第 9 章 广域网 ·····100
9.1 广域网连接技术 ·····100
9.2 PPP 协议 ·····104
9.3 综合业务服务网 ISDN ·····108
9.4 帧中继网 ·····112

# 第 10 章 互联网接入技术 ·····119
10.1 非对称数字用户线 ADSL ·····119
10.2 电缆调制解调器 Cable Modem ·····125

# 第 11 章 网络管理与网络安全 ·····128
11.1 SNMP 管理协议 ·····128
11.2 网络防火墙 ·····131
11.3 网络地址转换 ·····135

# 参考文献 ·····137

# 第1章 计算机网络基础

## 1.1 计算机网络的发展

尽管电子计算机在20世纪40年代就被研制成功,但是到了30年后的20世纪80年代初期,计算机网络仍然被认为是一项昂贵而奢侈的设备。近20年来,计算机网络技术取得了长足的发展,在今天,计算机网络技术已经和计算机技术一样精彩纷呈,在人们的生活和商业活动中得到普遍应用,对社会各个领域产生了广泛而深远的影响。

### 1.1.1 早期的计算机通信

在个人计算机出现之前,计算机的体系架构是:一台具有计算能力的计算机主机挂接多台终端设备。终端设备没有数据处理能力,只提供键盘和显示器,用于将程序和数据输入计算机主机和从主机获得计算结果。计算机主机分时、轮流地为各个终端执行计算任务,这种计算机主机与终端之间的数据传输,就是最早的计算机通信,如图1.1所示。

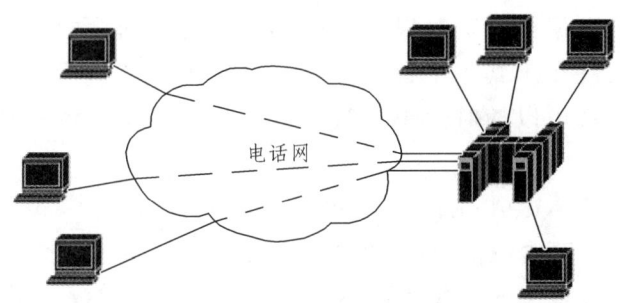

图1.1 计算机主机与终端之间的数据传输

尽管有的应用中计算机主机与终端之间采用电话线路连接,距离可以达到数百千米,但是,在这种体系架构下构成的计算机终端与计算机主机的通信网络,仅仅是为了实现人与计算机之间的对话,并不是真正意义上的计算机与计算机之间的网络通信。

### 1.1.2 分组交换网络

一直到1964年美国Rand公司的Baran提出"存储转发"和1966年英国国家物理

实验室的 Davies 提出"分组交换"的方法以后，独立于电话网络的、实用的计算机网络才开始了真正的发展。

分组交换的概念是将整块待发送的数据划分为若干个更小的数据段，在每个数据段前面加上报头，构成若干个数据分组（Packet）。每个数据分组的报头中存放有目标计算机的地址和报文包的序号。网络中的交换机根据数据分组的地址决定将数据向哪个方向转发。基于这一概念，由传输线路、交换设备和通信计算机组成的网络，被称为分组交换网络，如图 1.2 所示。

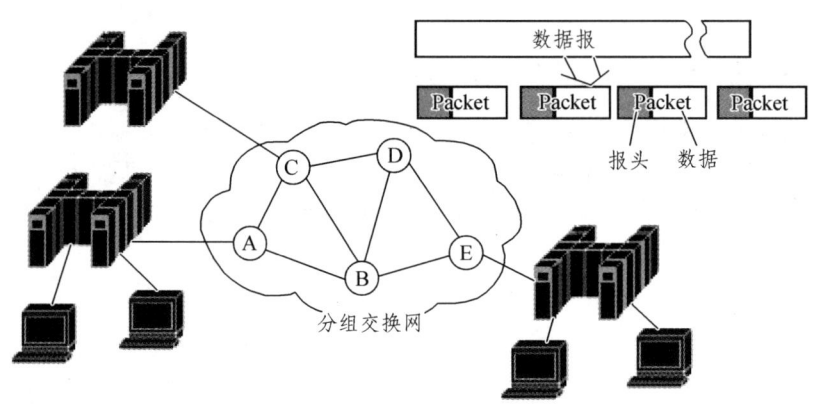

图 1.2　分组交换网

分组交换网络是计算机通信脱离电话通信电路交换模式的里程碑。电话通信电路交换的模式下，在通信之前，需要用户先通过呼叫（拨号），为网络本次通信建立电路。这种通信方式不适合计算机数据通信的突发性、密集性的特点。分组交换网络不需要实际建立通信电路，数据可以随时以分组的形式发送到网络中。分组交换网络不需要为呼叫建立电路的关键在于其每个数据分组的报头中都有目标计算机的地址，网络交换设备根据这个地址就可以随时为单个数据分组提供转发，将其沿正确的路线送往目标计算机。

美国的分组交换网 ARPANET 于 1969 年 12 月投入运行，被公认为最早的分组交换网。法国的分组交换网 CYCLADES 开通于 1973 年。同年，英国的 NPL 也开通了英国第一个分组交换网。现代的计算机网络中，以太网、帧中继、Internet 都是分组交换网络。

### 1.1.3　以太网

以太网目前在全球的局域网技术中占有主导地位，以太网的研究始于 1970 年早期，研究单位是夏威夷大学，目的是解决多台计算机同时使用同一传输介质通信互不干扰的问题。其结构如图 1.3 所示。夏威夷大学的研究结果奠定了以太网共享传输介质的技术基础，形成了享有盛名的 CSMA/CD 方法。

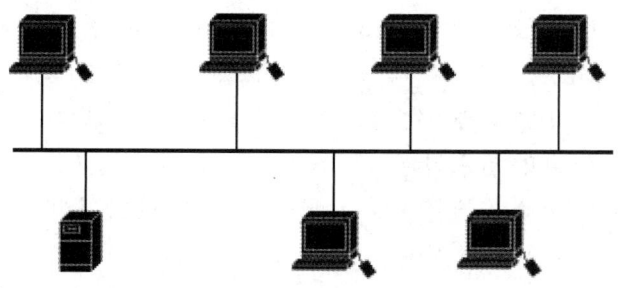

图 1.3 以太网

以太网的 CSMA/CD 方法是在一台计算机需要使用共享传输介质通信时，先侦听该共享传输介质是否已经被占用。当共享传输介质空闲时，计算机就可以抢占该介质进行通信。所以 CSMA/CD 方法又被称为总线竞争方法。

与现代以太网标准相一致的第一个局域网是由施乐公司的 Robert Metcalfe 和他的工作小组建成的。1980 年，数字设备公司、英特尔公司和施乐公司联合发布了第一个以太网标准 Ethernet。这种用同轴电缆作为传输介质的简单网络技术立即受到了欢迎，在 80 年代，用 10 Mb/s 以太网技术构造的局域网迅速遍布全球。

1985 年，电气和电子工程学会（IEEE）发布了局域网和城域网的 802 标准，其中的 802.3 是以太网技术标准。802.3 标准与 1980 年的 Ethernet 标准的差异非常小，以至于同一块以太网卡可以同时发送和接收 802.3 数据帧和 Ethernet 数据帧。

20 世纪 80 年代，个人计算机的大量出现和以太网的廉价，使得计算机网络不再是一个奢侈的技术。10 Mb/s 的网络传输速度，很好地满足了当时相对较低的个人计算机的需求。进入 20 世纪 90 年代，计算机的速度越来越快、需要传输的数据量越来越大，100 Mb/s 的以太网技术随之出现。IEEE 100 Mb/s 以太网标准，被称为快速以太网标准。1999 年 IEEE 又发布了千兆以太网标准。

我们回顾令牌网、FDDI 网，甚至 ATM 网络技术对以太网技术的挑战。以太网以其简单易行、价格低廉、方便的可扩展性和可靠的特性，最终淘汰或正在淘汰这些技术，成为计算机局域网、城域网甚至广域网中的主流技术。

### 1.1.4 Internet

Internet 是全球规模最大、应用最广的计算机网络。它是由院校、企业、政府的局域网自发地加入而发展壮大起来的超级网络，连接有数以亿计的计算机、服务器。人们通过在 Internet 上发布信息，极大地改变了我们的工作和生活方式。

Internet 的前身是 1969 年问世的美国 ARPANET。1983 年，ARPANET 已连接有超过 300 台计算机。1984 年，ARPANET 被分拆为两个网络：一个用于民用，仍然称 ARPANET；另外一个用于军用，称为 MILNET。美国国家科学基金组织（NSF）从 1985 年到 1990 年建设了由主干网、地区网和校园网组成的三级网络，称为 NSFNET，并与 ARPANET 相连。1990 年，NSFNET 和 ARPANET 合并后改名为 Internet。随后，接入 Internet 的计算机数目与日俱增，为进一步扩大 Internet，美国政府将 Internet 的主干网交由非私营公司经营,并开始对Internet上的数据传输收费,Internet得到了迅猛发展。

我国最早的Internet接入是1994年4月完成的NCFC(中国国家计算与网络设施)与Internet的接入。由中国科学院主持,联合北京大学和清华大学共同完成的NCFC是一个在北京中关村建设的超级计算中心。NCFC通过光缆将中科院中关村的30多个研究所及清华、北大两所高校连接起来,形成NCFC的计算机网络。截止1994年5月,NCFC已连接了150多个以太网,3 000多台计算机。

我国的商业Internet——ChinaNet(中国公用计算机互联网)由中国电信和中国网通始建于1995年。ChinaNet通过美国MCI公司、Global One公司、新加坡Telecom公司、日本KDD公司与国际Internet连接。目前,ChinaNet骨干网已经遍布全国32个省、直辖市、自治区,干线速度达到几十Gb/s,成为国际Internet的重要组成部分。

Internet已经成为世界上规模最大和增长速度最快的计算机网络,没有人能够准确说出Internet具体有多大。目前,我们谈到Internet时,已经不仅仅指其所提供的计算机通信链路,还指参与其中的服务器所提供的信息和服务资源。计算机通信链路、信息和服务资源一起组成了现代Internet的体系结构。

## 1.2 计算机网络的组成

计算机网络是由负责传输数据的网络传输介质和网络设备、使用网络的计算机终端设备和服务器,以及网络操作系统所组成,如图1.4所示。

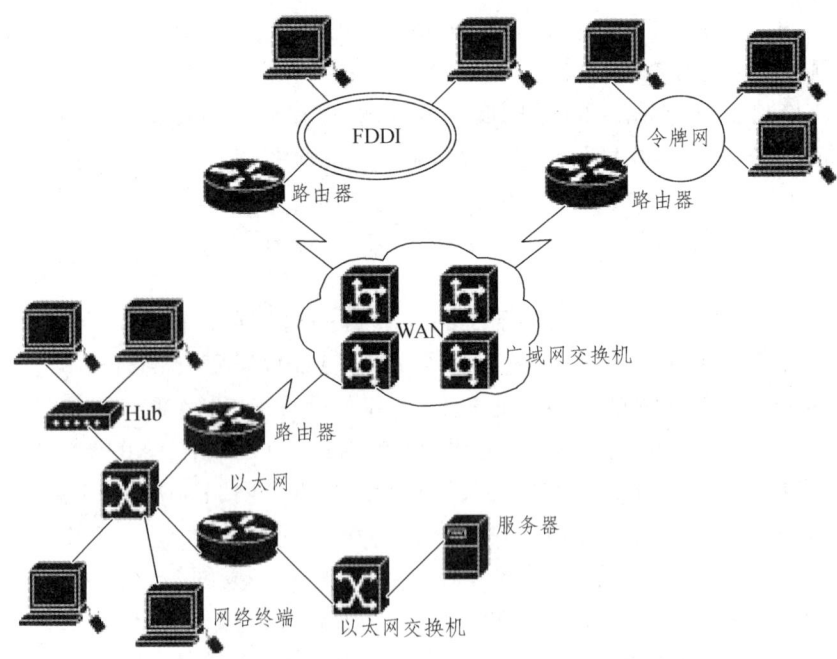

图1.4 计算机网络的组成

### 1.2.1 网络传输介质

网络传输介质主要有四种：双绞线、光纤、微波、同轴电缆。

局域网中的主要传输介质是双绞线，这是一种不同于电话线的 8 芯电缆，具有传输 1 000 Mb/s 的能力。光纤在局域网中多承担干线部分的数据传输。使用微波的无线局域网由于其灵活性而逐渐普及。早期的局域网中使用同轴电缆，从 1995 年开始，同轴电缆被逐渐淘汰，已经不在局域网中使用了。由于电缆调制解调器（Cable Modem）的使用，电视同轴电缆还在充当 Internet 连接的一种传输介质。

### 1.2.2 网络交换设备

网络交换设备是把计算机连接在一起的基本网络设备。计算机之间的数据包通过交换机转发。因此，计算机要连接到局域网络中，首先必须连接到交换机上。不同类型的网络使用不同的交换机，常见的有以太网交换机、ATM 交换机、帧中继交换机、令牌网交换机、FDDI 交换机等。

我们可以使用集线器（Hub）替代交换机。集线器的价格低廉，但会消耗大量的网络带宽资源。由于局域网交换机的价格已经下降到低于个人计算机的价格，所以正式的网络已经不再使用集线器。

### 1.2.3 网络互连设备

网络互连设备主要是指路由器。路由器是连接不同网络的必需设备，在网络之间转发数据包。

路由器不仅提供同类网络之间的连接，还提供不同网络之间的通信。如局域网与广域网的连接、以太网与帧中继网络的连接等。

在广域网与局域网的连接中，调制解调器也是一个重要的设备。调制解调器用于将数字信号调制成频率带宽更窄的信号，以适应广域网的频率带宽。最常见的局域网接入广域网是使用电话网络或有线电视网络接入互联网。

中继器是一个延长网络电缆和光缆的设备，对衰减了的信号起再生放大作用。

网桥是一种被淘汰了的网络产品，原来用来改善拥挤的网络带宽。交换设备可以同时完成网桥需要完成的功能，因此交换机的普及是网桥被淘汰的直接原因。

### 1.2.4 网络终端与服务器

网络终端也称网络工作站，是使用网络的计算机、网络打印机等。在客户/服务器网络中，客户机就是网络终端。

网络服务器是被网络终端访问的计算机系统，通常是一台高性能的计算机，例如大型机、小型机、UNIX工作站和个人计算机服务器，安装上服务器软件后构成网络服务器，分别称为大型机服务器、小型机服务器、UNIX工作站服务器和台式机服务器。

网络服务器是计算机网络的核心设备用于向网络终端提供网络中可共享的资源，如数据库、大容量磁盘、外部设备和多媒体节目等。服务器按照可提供的服务可分为文件服务器、数据库服务器、打印服务器、Web服务器、电子邮件服务器、代理服务器等。

### 1.2.5 网络操作系统

网络操作系统是安装在网络终端和服务器上的软件。网络操作系统完成数据发送和接收所需要的数据分组、报文封装、连接建立、流量控制、出错重发等工作。现在的网络操作系统都是随计算机操作系统一同开发的。网络操作系统是计算机操作系统的一个重要组成部分。

## 1.3 计算机网络的分类

我们可以从不同的角度对计算机网络进行分类，学习并理解计算机网络的分类，有助于我们更好地理解计算机网络。

### 1.3.1 根据计算机网络覆盖的地理范围分类

按照计算机网络所覆盖的地理范围的大小进行分类，计算机网络可分为：局域网、城域网和广域网。了解一台计算机网络所覆盖的地理范围的大小，可以使人们一目了然地了解该网络的规模和主要技术。

局域网（LAN）的覆盖范围一般在方圆几十米到几千米。典型局域网是一间办公室、一栋办公楼、一片园区范围内的网络。

当网络的覆盖范围达到一个城市的大小时，网络被称为城域网。网络覆盖了多个城市甚至全球的时候，就属于广域网的范畴了。我国著名的公共广域网是ChinaNet、ChinaPAC、ChinaFrame、ChinaDDN等。大型企业、院校、政府机关通过租用公共广域网的线路，可以构建自己的广域网。

### 1.3.2 根据链路传输控制技术分类

链路传输控制技术是指如何分配网络传输线路、网络交换设备资源，以便避免网络通信链路资源冲突，同时为所有网络终端和服务器进行数据传输。

典型的网络链路传输控制技术有：总线争用技术、令牌技术、FDDI技术、ATM

技术、帧中继技术和 ISDN 技术。对应上述技术的网络分别是以太网、令牌网、FDDI 网、ATM 网、帧中继网和 ISDN 网。

总线争用技术是以太网的标志。顾名思义总线争用，即需要使用网络通信的计算机抢占通信线路。如果争用线路失败，就需要等待下一次的争用，直到占得通信链路。这种技术的实现简单，介质使用效率非常高。进入 21 世纪以来，使用总线争用技术的以太网成为了计算机网络中占主导地位的网络。

令牌环网和 FDDI 网一度是以太网的挑战者。它们分配网络传输线路和网络交换设备资源的方法是在网络中下发一个令牌报文，轮流交给网络中的计算机。需要通信的计算机只有得到令牌的时候才能发送数据。令牌环网和 FDDI 网的思路是需要通信的计算机轮流使用网络资源，避免冲突。但是，令牌技术相对于以太网技术过于复杂，在千兆以太网出现后，令牌环网和 FDDI 网不再具有竞争力，淡出了网络主流技术的行列。

ATM 是英文 Asynchronous Transter Mode 的缩写，称为异步传输模式。ATM 采用光纤作为传输介质，传输以 53 个字节为单位的超小数据单元（称为信元）。ATM 网络的最大吸引力之一是具有特别强的灵活性，用户只要通过 ATM 交换机建立交换虚电路，就可以提供突发性、宽频带传输的支持，适应包括多媒体在内的各种数据传输，传输速度高达 622 Mb/s。

我国的 ChinaFrame 是一个使用帧中继技术的公共广域网，是由帧中继交换机组成的，使用虚电路模式的网络。所谓虚电路，是指在通信之前需要在通信所途经的各个交换机中根据通信地址都建立起数据输入端口到转发端口之间的对应关系。这样，当带有报头的数据帧到达帧中继网的交换机时，交换机就可以按照报头中的地址正确地以虚电路的方向转发数据报。帧中继网可以提供高达几兆比特的传输速度，由于其可靠的带宽保证和相对于 Internet 的安全性，已成为银行、大型企业和政府机关局域网互连的主要网络。

ISDN 是综合业务数据网的缩写，其建设的宗旨是在传统的电话线路上传输数字数据信号。ISDN 通过时分多路复用技术，可以在一条电话线上同时传输多路信号。ISDN 可以提供从 144 kb/s 到 30 Mb/s 的传输带宽，但是由于其仍然属于电话技术的电路交换，租用价格较高，并没有成为计算机网络的主要通信网络。

### 1.3.3 根据网络拓扑结构分类

网络拓扑结构分为物理拓扑和逻辑拓扑。物理拓扑结构描述网络中由网络终端、网络设备组成的网络节点之间的几何关系，反映出网络设备之间以及网络终端是如何连接的。

网络按照拓扑结构划分有：总线型结构、环形结构、星形结构、树形结构和网状结构，如图 1.5 所示。

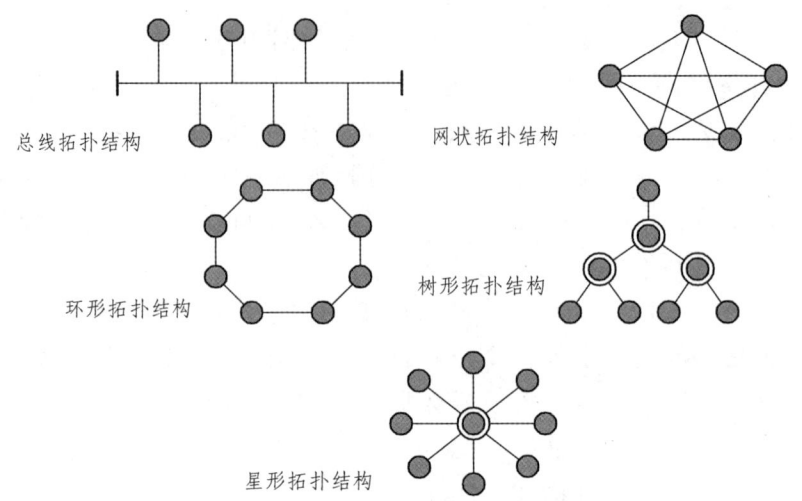

图 1.5 计算机网络的拓扑结构

总线型拓扑结构是早期同轴电缆以太网中网络节点的连接方式,网络中各个节点挂接到一条总线上,这种物理连接方式已经被淘汰。

星形拓扑结构是现代以太网的物理连接方式。在这种结构下,中心网络设备是核心,它与其他网络设备以星形方式连接,最外端是网络终端设备。星形拓扑结构的优势是连接路径短,易连接、易管理,传输效率高。这种结构的缺点是中心节点需具有很高的可靠性和冗余度。

树形拓扑结构的网络层次清晰,易扩展,是目前多数校园网和企业网使用的结构。这种结构的缺点是根节点的可靠性要求很高。

环形拓扑结构的网络中,通信线路沿各个节点连接成一个闭环。数据传输经过中间节点的转发,最终可以到达目的节点。这种通信方法的最大缺点是通信效率低。

网状拓扑结构构造的网络可靠性最高。在这种结构下,每个节点都有多条链路与网络相连,高密度的冗余链路,即使一条链路,甚至几条链路出现故障,网络仍然能够正常工作。网状拓扑结构的网络缺点是成本高,结构复杂,管理维护相对困难。

# 第 2 章　网络传输介质

网络是用传输介质将孤立的计算机连接到一起，使之能够互相通信，完成数据传输的功能。目前，最为普及的计算机网络传输介质是双绞线、光纤和微波。50 Ω 同轴电缆在 20 世纪 90 年代初期扮演着局域网传输介质的主要角色，但是在我国，从 90 年代中期开始被双绞线所淘汰。最近几年，随着 Cable Modem 技术的引入，大量使用 75 Ω 电视同轴电缆实现互联网接入，同轴电缆又回到了计算机网络传输介质的行列。

## 2.1　电缆传输介质

### 2.1.1　信号和电缆的频率特性

从数量上看，全球的计算机网络的传输介质中，电缆占有 95% 比例。
有两种类型的电信号：模拟信号、数字信号。
模拟信号是一种连续变化的信号。
模拟信号的取值是连续的。
数字信号是一种高（1）低（0）电平变化的信号。数字信号的取值是离散的。
两种电信号的示意如图 2.1 所示。

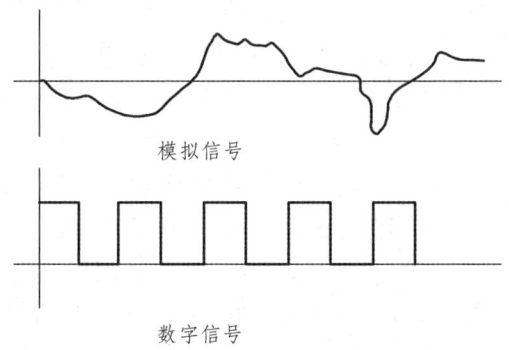

图 2.1　信号的种类

数据既可以用模拟信号表示，也可以用数字信号表示。
计算机是一种使用数字信号的设备，因此计算机网络最直接、最高效的传输方法就是使用数字信号。在一些不得不使用模拟信号传输数据的场合，需要先把数字信号转换成模拟信号；当数据传送到目的地后，再转换回数字信号。
不管是模拟信号还是数字信号，都是由大量频率不同的正弦波信号合成的。信号理论解释为：任何一个信号都是由无数个谐波（正弦波）组成的。数学解释为：任何一个函数都可以用傅里叶级数展开为一个常数和无穷个正弦函数，如图2.2所示。

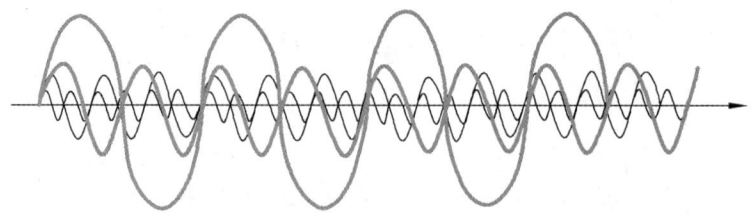

$$y(t)=A_0+ A_1\sin\omega_1 t + A_2\sin\omega_2 t + A_3\sin\omega_3 t +\cdots$$

**图 2.2　任意一个信号 $y(t)$，都是由不同频率 $\omega_i$ 的谐波组成的**

图 2.2 中，$A_0$ 是信号 $y(t)$ 的直流成分。$\sin\omega_1 t$、$\sin\omega_2 t$、$\sin\omega_3 t$…是 $y(t)$ 的谐波。$A_1$、$A_2$、$A_3$…是各个谐波的大小（强度）。$\omega_1$、$\omega_2$、$\omega_3$…是谐波的频率。随着频率的增长，谐波的强度减弱。到了一定的频率 $\omega_i$，其信号强度 $A_i$ 会小到忽略不计。也就是说，一个信号 $y(t)$ 的有效谐波不是无穷多的，信号 $y(t)$ 可以被认为是由有限个谐波组成的，其最高频率的谐波的频率是 $\omega_{max}$。

一个信号有效谐波所占的频带宽度，就称为这个信号的频带宽度，简称频宽或带宽。

模拟量的电信号的频率比较低，如声音信号的带宽为 20 Hz 到 20 kHz。数字信号的频率要高很多，因为从示波器看它的图像，其变化较模拟信号锐利得多。数字信号的高频成分非常丰富，有效谐波的最高频率一般都在几十 MHz。

为了把信号不失真地传送到目的地，传输电缆就需要把信号中所有的谐波不失真地传送过去。遗憾的是传输电缆只能传输一定频率的信号，太高频率的谐波将会被急剧衰减而丢失。例如普通电话线电缆的带宽是 2 MHz，它能轻松地传输语音电信号；但是对于数字信号（几十 MHz），电话电缆就无法传输了。因此如果用电话电缆传输数字信号，就必须把它调制成模拟信号才能传输。而普通双绞线电缆的带宽高达 100 MHz，所以可以直接传输数字信号。

电缆对过高频率的谐波衰减得厉害的原因是电缆自身形成的电感和电容作用，而谐波的频率越高，电缆自身形成的电感和电容对其产生的阻抗就越大。

我们从以上分析得出的结论是，不同电缆具有不同的传输带宽。一个信号能否不失真地使用某种类型的电缆，取决于电缆的带宽是否大于信号的带宽。

我们使用数字信号进行传输的优势是抗干扰能力强，传输设备简单。它的缺点是需要传输电缆具有较高的带宽。我们使用模拟信号传输对传输介质的要求较低，但是抗干扰能力弱。

我们容易混淆的是，不管英语还是汉语，"带宽（Bandwidth）"这个术语既被拿来描述网络电缆的频率特性，又被用于描述网络的通信速度。我们更容易混淆的是都用 k、M 来表示其单位。在描述网络电缆的频率特性时，我们用 kHz、MHz，简称 k、M；在描述网络的通信速度时，我们用 kb/s、Mb/s，它们仍然简称 k、M。当我们说某类双绞线电缆的"带宽是 100 M",这个"100 M"是指双绞线电缆的频率响应特性呢?还是传输数字信号的速度能力呢?我们为了不产生混淆,要求都带单位描述"带宽"。

### 2.1.2 非屏蔽双绞线

非屏蔽双绞线的结构如图 2.3 所示。

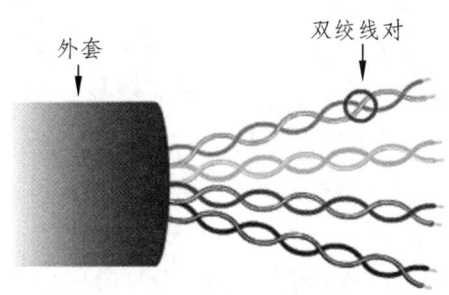

图 2.3 非屏蔽双绞线

非屏蔽双绞线是最常用的网络传输介质。非屏蔽双绞线有 4 对绝缘塑料包皮的铜线。8 根铜线每两根互相扭绞在一起,形成线对。线缆扭绞在一起的目的是抵消彼此之间的电磁干扰。扭绞的密度沿着电缆循环变化,可以有效地消除线对之间的串扰。每米扭绞的次数需要精确地遵循规范设计,也就是说双绞线的生产加工需要非常精密。

非屏蔽双绞线的英文名字是 Unshielded twisted-pair cable,简称 UTP 电缆。

UTP 电缆的 4 对线中,有两对作为数据通信线,另外两对作为语音通信线。因此,在电话和计算机网络的综合布线中,一根 UTP 电缆可以同时提供一条计算机网络线路和两条电话通信线路。

UTP 电缆有许多优点。UTP 电缆直径细,容易弯曲,因此易于布放。价格便宜也是 UTP 电缆的重要优点之一。UTP 电缆的缺点是其对电磁干扰采用简单扭绞,靠互相抵消的处理方式。因此,在抗电磁干扰方面,UTP 电缆相对同轴电缆(电视电缆和早期的 50 Ω 网络电缆)处于下风。

人们曾经认为 UTP 电缆还有一个缺点就是数据传输的速度上不去。但是现在,UTP 电缆可以传输高达 1 000 Mb/s 的数据,是铜缆中传输速度最快的通信介质。

### 2.1.3 屏蔽双绞线

屏蔽双绞线的结构如图 2.4 所示。

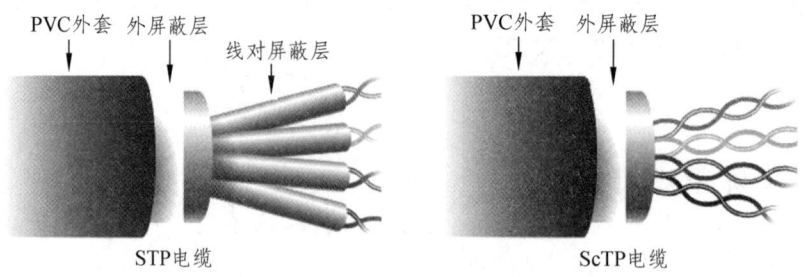

图 2.4 屏蔽双绞线

屏蔽双绞线（Shielded twisted-pair cable，STP）结合了屏蔽、电磁抵消和线对扭绞的技术。同轴电缆和 UTP 电缆的优点，STP 电缆都具备。

在以太网中，STP 可以完全消除线对之间的电磁串扰。最外层的屏蔽层可以屏蔽来自电缆外的电磁 EMI 干扰和无线电 RFI 干扰。

STP 电缆的缺点主要有两方面，一方面是价格贵；另一方面就是安装复杂。安装复杂是因为 STP 电缆的屏蔽层接地问题。电缆线对的屏蔽层和外屏蔽层都要在连接器处与连接器的屏蔽金属外壳可靠连接。交换设备、配线架也都需要良好接地。因此，STP 电缆不仅是材料本身成本高，而且安装的成本也相应增加。

我们不要忘记布线的安装成本。我们要记住，现在施工部门通常的收费标准是用你的材料成本乘以百分之十几。而且，当他们看到我们要布放的是屏蔽双绞线电缆时，会很合理地提出增加施工费用的。

有一种 STP 电缆的变形，叫 ScTP。ScTP 电缆把 STP 中各个线对上的屏蔽层取消，只留下最外层的屏蔽层，以降低线材的成本和安装复杂程度。ScTP 中线对之间串扰的克服与 UTP 电缆一样由线对的扭绞来实现。

ScTP 电缆的安装相对 STP 电缆要简单多了，这是因为免除了线对屏蔽层的接地工作。

屏蔽双绞线抗电磁干扰的能力很强，适合于在工业环境和其他有严重电磁辐射干扰或无线电辐射干扰的场合布放。另外，屏蔽双绞线的外屏蔽层有效地屏蔽了线缆本身对外界的辐射。在军事、情报、使馆，以及审计署、财政部这样的政府部门，都可以使用屏蔽双绞线来有效地防止外界对线路数据的电磁侦听。对于线路周围有敏感仪器的场合，屏蔽双绞线可以避免对它们的干扰。

然而，屏蔽双绞线的两端需要可靠的接地。不然，反而会引入更严重的噪声。这是因为屏蔽双绞线的屏蔽层此时就会像天线一样去感应所有周围的电磁信号。

### 2.1.4 双绞线的频率特性

双绞线有很高的频率响应特性，可以高达 600 MHz，接近电视电缆的频响特性。双绞线电缆依据其频率响应特性分类如下。

5 类双绞线（Category 5）：频宽为 100 MHz。

超 5 类双绞线（Enhanced Category 5）：频宽仍为 100 MHz，串扰、时延差等其他性能参数要求更严格。

6 类双绞线（Category 6）：频宽为 250 MHz。

7 类双绞线（Category 7）：频宽为 600 MHz。

快速以太网的传输速度是 100 Mb/s，其信号的频宽约 70 MHz；ATM 网的传输速度是 150 Mb/s，其信号的频宽约 80 MHz；千兆网的传输速度是 1 000 Mb/s，其信号的频宽 100 MHz。因此，用 5 类双绞线电缆能够满足所有常用网络传输对频率响应特性的要求。

6 类双绞线是一种较新级别的电缆，其频率带宽可以达到 250 MHz。2002 年 7 月 20 日，TIA/EIA-568-B.2.1 公布了 6 类双绞线的标准。6 类双绞线除了要保证频率带宽达到更高要求，其他参数的要求也颇为严格。例如串扰参数必须在 250 MHz 的频率下测试。

7 类双绞线是欧洲提出的一种屏蔽电缆 STP 的标准，其计划带宽是 600 MHz。目前还没有制订出相应的测试标准。

双绞线的分类通常简写为 CAT 5、CAT 5e、CAT 6、CAT 7。

### 2.1.5 双绞线的端接

为了连接计算机、集线器、交换机和路由器，双绞线电缆的两端需要端接连接器。在 100 Mb/s 快速以太网中，网卡、集线器、交换机、路由器用双绞线连接需要两对线，一对用于发送数据，另外一对用于接收数据。

根据 EIA/TIA-T568 标准的规定，计算机的网卡和路由器使用 1、2 线对用作发送端，3、6 线对用于接收端。交换机和集线器与之相反，使用 3、6 线对作为发送端，1、2 线对作为接收端。

因此，当把一台计算机与交换机或集线器连接时，我们使用如图 2.5 所示的直通线。

我们使用如图 2.6 所示的交叉电缆，可以把两台计算机互连。使用交叉电缆把两台计算机连接在一起的方法，是最简单的网络连接。

图 2.5　直通线　　　　　图 2.6　交叉线

交换机和集线器有时候为了扩充端口的数量，或者延伸网络的长度（双绞线电缆 UTP 和 STP 的最大连接长度是 100 m），需要多台交换机和集线器级连。由于交换机和集线器的发送端和接收端设置相同，所以它们之间的互连也需要使用如图 2.7 所示的交叉电缆。

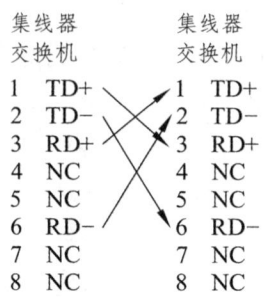

图 2.7　交换机之间的级连也使用交叉线

交换机和集线器的发送端口与接收端口的设置与计算机网卡的设置正好相反，目的是使计算机与交换机和集线器的连接线缆的端接简化。我们知道，制作 UTP 的直通线要比制作交叉线简单。当需要先在建筑物内布线，再用 UTP 跳线将计算机与交换机连接在一起的场合，直通线的使用可以避免线序的混乱，如图 2.8 所示。

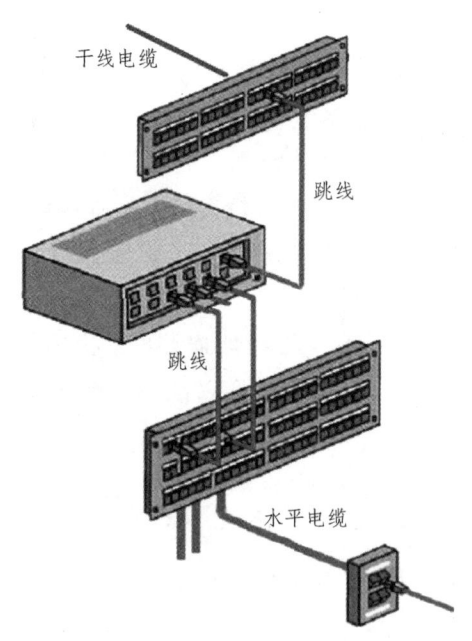

图 2.8　建筑物内的网络布线

## 2.1.6　双绞线及双绞线端接的测试

为保证信号可靠传输，传输介质，以及线缆的布放和端接，必须进行全面的测试。

14

我们借助电缆测试仪器，这些测试是确保网络能够在高速度、高频率的条件可靠工作的必要保证。最后的性能参数必须满足某一个公认的测试标准。目前国际流行的有三个标准：美国的 ANSI/TIA/EIA-568 标准、ISO/IEC 11801 标准、欧洲的 EN 50173 标准。

主要的双绞线电缆及双绞线电缆布放和端接的测试参数如下：

- 线序（Wire map）；
- 连接（Connection）；
- 电缆长度（Cable length）；
- 直流电阻（DC resistance）；
- 阻抗（Impedance）；
- 衰减（Attenuation）；
- 近端串扰（Near-end crosstalk，NEXT）；
- 功率和近端串扰（Power sum near-end crosstalk，PSNEXT）；
- 等效远端串扰（Equal-level far-end crosstalk，ELFEXT）；
- 功率和远端串扰（Power sum equal-level far-end crosstalk，PSELFEXT）；
- 回返损失（Return loss）；
- 传导延时（Propagation delay）；
- 时延差（Delay skew）。

线序测试是指测试双绞线两端的 8 条线是否正确端接。当然，线序测试也测试了线缆是否有断路或开路。线序测试也完成了连接测试，确保线缆质量及端接的可靠。

根据 TIA/EIA-568 标准，双绞线电缆长度不得超过 100 m。

直流电阻和交流阻抗超标，会造成衰减指标超标。直流电阻太大，会使电信号的能量消耗为热能。交流阻抗过大或过小，会造成两端设备的输入电路和输出电路阻抗不匹配，导致一部分信号像回声一样反射回发送端设备，造成接收端信号衰弱。另外，交流阻抗在整个线缆长度上应该保持一致，不仅从端点测试的交流阻抗需要满足规范，而且沿着线缆的所有部位，都应该满足规范。

回返损失测试由于沿线缆长度上交流阻抗不一致而导致信号能量的反射。回返损失用分贝来表示，是测试信号与反射信号的比值。因此，电缆测试仪上回返损失测试结果的读数越大越好。TIA/EIA-568 标准规定回返损失应该大于 10 db。

衰减是所有电缆测试的重要参数，指信号通过一段电缆后信号幅值的降低。电缆越长，直流电阻和交流阻抗越大，信号频率越高，衰减就越大。

串扰是指一根线缆电磁辐射到另外一根线缆。当一对线缆中的电压变化时，就会产生电磁辐射能量。这个能量就像无线电信号一样发射出去。而另外一对线缆此时就会像天线一样，接收这个能量辐射。频率越高，串扰就越显著。双绞线就是要依靠绞扭来抵消这样的辐射。如果电缆不合格，或者端接的质量不合格，双绞线依靠绞扭来抵消串扰的能力就会降低，造成通信质量下降，甚至不能通信。串扰示意如图 2.9 所示。

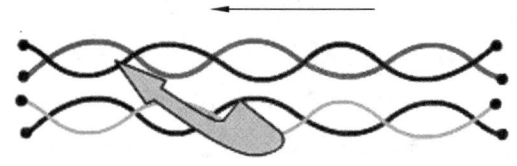

串扰噪声

**图 2.9 串扰**

TIA/EIA-568 标准中规定，5 类双绞线的近端串扰值不大于 24 db 方为合格。新的网络工程师们直观的感觉是测试结果的近端串扰数值越小，应该是质量越好，但事实恰恰相反。为什么近端串扰数值越大越好呢？原因是 TIA/EIA-568 标准中规定，5 类双绞线的近端串扰值是在信号发射端的测试信号的电压幅值与串扰信号幅值之比。比的结果用负的分贝数来表示。负的数值越大，反映噪声越小。传统上，电缆测试仪并不显示负数，所以从测试仪上读出 30 db（实际的结果是 −30 db）要比读数为 20 db 要好。

电缆测试仪在测试串扰时，先在一对线缆中发射测试信号，然后测试另外一对线缆中的电压数值。这个电压就是由于串扰而产生的。

我们知道，近端串扰随着频率升高而显著。因此，我们在测试近端串扰的时候应该按照 ISO/IEC 11801 标准或 TIA/EIA-568 标准，对所有规定的频率完成测量。有些电缆测试仪为了缩短测试时间，只在几个频率点上测试。这样就容易忽视隐藏频率测试点上的链路故障。

等效远端串扰是指远离发射端的另外一端形成的串扰噪声。由于衰减的原因，一般情况下，如果近端串扰测试合格，远端串扰的测试也能够通过。

功率和串扰是指来自所有其他线对的噪声之和。在早期的双绞线使用中我们只使用两对线缆来完成通信。一对用于发送，另外一对用于接收。另外两对电话线对的语音信号频率较低，串扰很微弱。但是，随着 DSL 技术的使用，数据线旁边电话线对的语音线也会有几兆频率的数据信号。另外，千兆以太网开始使用所有 4 对线，经常会有多对线同时向一个方向传输信号。因此，近距通信中，多对线缆中同时通信的串扰的汇聚作用对信号是十分有害的。因此，TIA/EIA-568-B 开始规定需要测试功率和串扰。

造成直流电阻、交流阻抗、衰减、串扰等指标超标的原因除了线缆质量不合格，更多是端接质量差。如果测试出上述指标或某项指标超标，一般都判断是端接问题。我们剪掉原来的 RJ45 连接器，重新端接，一般都可以排除这类故障。端接质量的好坏如图 2.10 所示。

传导延时是对信号沿导线传输速度的测试。传导延时的大小取决于电缆的长度、线绞的疏密以及电缆本身的电特性。长度、线绞是随应用而定的，所以，传导延时主要是测试电缆本身的特性是不是合格。TIA/EIA-568-B 对不同类的双绞线有不同的传导延时标准。对于 5 类 UTP 电缆，TIA/EIA-568-B 规定不得大于 1 μs。

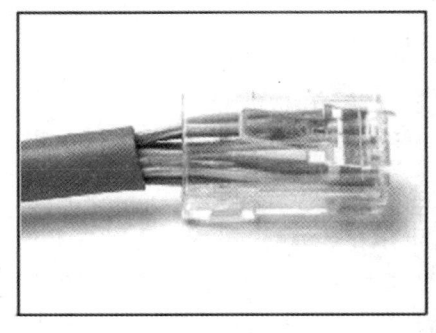
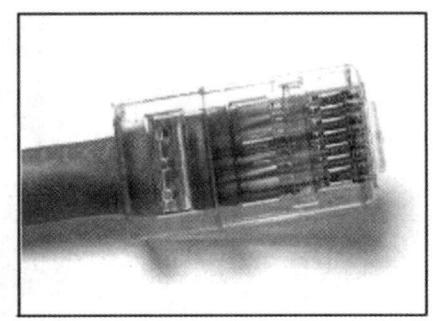

质量差的端接　　　　　　　　　　　　合格的端接

图 2.10　端接的质量

传导延时测量是电缆长度测量的基础。测试仪器测量电缆长度是依据传导延时完成的。由于导线是扭绞的，所以信号在导线中行进的距离要多于电缆的物理长度。电缆测试仪器在测量时，发送一个脉冲信号，这个脉冲信号沿相同线路反射回来的时间就是传导延时。这样的测试方法被称为时域反射仪测试，或 TDR（Time Domain Reflectometry test）测试。

TDR 测试不仅可以用来测试电缆的长度，也可以测试电缆中短路或断路的地方。当测试脉冲碰到开路或短路的地方时，脉冲的部分能量，甚至全部能量都会反射回测试仪器，这样就可以计算出线缆故障的大体位置。

信号沿一条 UTP 电缆的不同线对传输，其延迟会有一些差异，这是因为线缆电特性不一致造成的。TIA/EIA-568-B 标准中的时延差（Delay Skew）参数就是这种差异的测试。延迟差异对于高速以太网（比如千兆以太网）的影响非常大。这是因为高速以太网使用几个线对同时传输数据，如果延迟差异太大，从几对线分别送出的数据，在接收端就无法正确地装配。

对于没有那么高速度的以太网（如百兆以太网），因为数据不会拆开用几对数据线同时传送，所以工程师往往不注意这个参数。但是，时延差参数不合格的电缆在未来升级到高速以太网的时候就会遇到麻烦。

下面是 TIA/EIA-568-B 对 5 类双绞线电缆的测试标准。

长度（Length）　　　　　　　　　　< 90 m
衰减（Attenuation）　　　　　　　　< 23.2 db
传导延时（Propagation delay）　　　< 1.0 μs
直流电阻（DC resistance）　　　　　< 40 Ω
近端串扰（Near-end crosstalk loss）　> 24 db
回返损耗（Return loss）　　　　　　> 10 db

我们要完成电缆测试，就必须使用电缆测试仪器。便携式电缆测试仪器的平均价格在 3 万元人民币。如图 2.11 所示的是 Fluke DSP-LIA013，它是大多数网络工程师所熟悉的便携式电缆测试仪，可以测试超 5 类双绞线电缆。

图 2.11 Fluke DSP-LIA013 电缆测试仪

最后需要强调的是，网络布线不仅需要采购合格的材料（包括线缆和连接器），而且需要合格的施工（包括布放和端接）。电缆测试应该在施工完成后进行，这不仅测试了线缆的质量，而且也测试了连接器、耦合器，更重要的是测试了线缆布放的质量和端接的质量。

## 2.2 光纤传输介质

### 2.2.1 光　缆

光缆是高速、远距离数据传输最重要的传输介质。它多用于局域网的骨干线段、局域网的远程互联。在 UTP 电缆传输千兆位的高速数据还不成熟的时候，实际网络设计中工程师在千兆位的高速网段上完全依赖光缆。即使现在已经有可靠的用 UTP 电缆传输千兆位高速数据的技术，但是，由于 UTP 电缆的距离限制（100 m），所以骨干网仍然要使用光缆（局域网上常用的多模光纤的标准传输距离是 2 km）。

光缆完全没有对外的电磁辐射，也不受任何外界电磁辐射的干扰。所以在周围电磁辐射严重的环境下（如工业环境中），以及需要防止数据被非接触侦听的需求下，光纤是一种可靠的传输介质。

在使用光缆传输数据时，在数据发送端用光电转换器将电信号转换为光信号，并发射到光缆的光导纤维中传输。在数据接收端，光接收器再将光信号还原成电信号。

光缆的结构如图 2.12 所示。

光缆由光纤、塑料包层、凯夫拉（Kevlar）抗拉材料和外护套构成。

光纤用来传递光脉冲，有光脉冲相当于数据 1，没有光脉冲相当于数据 0。光脉冲使用可见光的频率，约为 $10^8$ MHz 的量级。因此，一个光纤通信系统的带宽远远大于其他传输介质的带宽。

18

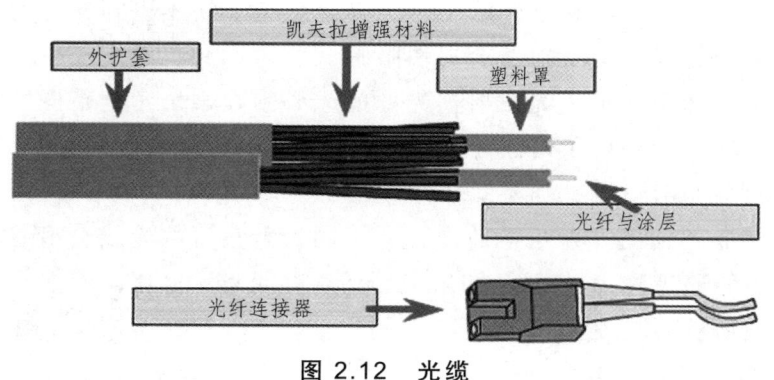

图 2.12 光缆

塑料包层用作光纤的缓冲材料,用来保护光纤。它有两种塑料包层的设计:松包裹和紧包裹。大多数在局域网中使用的多模光纤是紧包裹,这时的缓冲材料直接包裹到光纤上。松包裹用于室外光缆,在它的光纤上增加涂抹垫层后再包裹缓冲材料。

凯夫拉抗拉材料用于在布放光缆的施工中避免因拉拽光缆而损坏内部的光纤。

外护套使用 PVC 材料或橡胶材料。室内光缆多使用 PVC 材料,室外光缆则多使用含金属丝的黑橡胶材料。

### 2.2.2 光纤数据传输的原理

光纤由纤芯和硅石覆层构成。纤芯是氧化硅和其他元素组成的石英玻璃,用来传输光射线。硅石覆层的主要成分也是氧化硅,但是其折射率要小于纤芯。

光纤传输是根据光学的全反射定律。当光线从折射率高的纤芯射向折射率低的覆层的时候,其折射角大于入射角,如图 2.13 所示。如果入射角足够大,就会出现全反射,即光线碰到覆层时就会折射回纤芯。这个过程不断重复下去,光也就沿着光纤传输下去了。

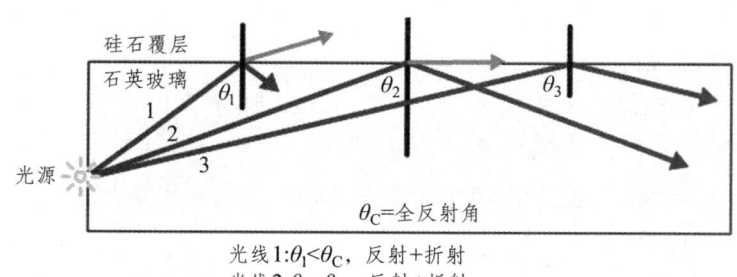

光线1:$\theta_1<\theta_C$,反射+折射
光线2:$\theta_2=\theta_C$,反射+折射
光线3:$\theta_3>\theta_C$,所有入射光将全部反射

图 2.13 全反射原理

现代的生产工艺可以制造出超低损耗的光纤,光可以在光纤中传输数千米而基本上没有什么损耗。我们甚至在布线施工中,在相距几十楼层高的地方用手电筒的入射

光来测试光纤的布放情况，或分辨光纤的线序。（注意：切不可在光发射器工作的时候用这样的方法。激光光源的发射器会损伤眼睛。）

由全反射原理可以知道，光发射器光源的光必须在某个角度范围才能在纤芯中产生全反射。纤芯越粗，这个角度范围就越大。当纤芯的直径减小到只有一个光的波长，则光的入射角度就只有一个，而不是一个范围。

可以存在多条不同的入射角度的光纤，不同入射角度的光线会沿着不同折射线路传输。这些折射线路被称为"模"。如果光纤的直径足够大，以至有多个入射角形成多条折射线路，这种光纤就是多模光纤。

单模光纤的直径非常小，只有一个光的波长。因此单模光纤只有一个入射角度，光纤中只有一条光线路。

单模光纤和多模光纤的结构如图 2.14 所示。

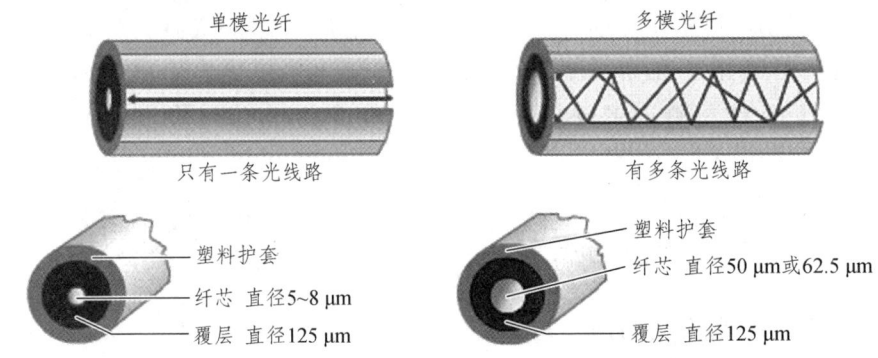

图 2.14 单模光纤和多模光纤

单模光纤的特点是：

- 纤芯直径小，只有 5～10 μm。
- 几乎没有散射。
- 适合远距离传输。标准距离达 3 km，非标准传输可以达几十千米。
- 使用激光光源。

多模光纤的特点是：

- 纤芯直径比单模光纤大，有 50～62.5 μm，或更大。
- 散射比单模光纤大，因此有信号的损失。
- 适合远距离传输，但是比单模光纤距离近。标准距离 2 km。
- 使用 LED 光源。

我们可以简单地记忆为：多模光纤纤芯的直径要比单模光纤大 10 倍左右。多模光纤使用发光二极管作为发射光源，而单模光纤使用激光光源。我们通常看到用"50/125"或"62.5/125"表示的光缆就是多模光纤；而如果在光缆外套上印刷有"9/125"的字样，即说明是单模光纤。

光纤的种类如图 2.15 所示。

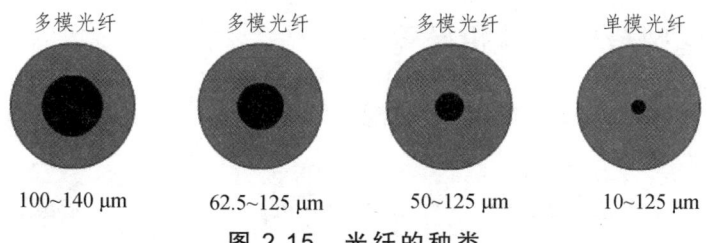

图 2.15 光纤的种类

在光纤通信中,常用光的三个波长是 850 nm、1 310 nm 和 1 550 nm。这些波长的光都跨红色可见光和红外光。对于后两种波长的光,在光纤中的衰减比较小。850 nm 波段的衰减比较大,但在此波段的光波其他特性比较好,因此也被广泛使用。

单模光纤使用 1 310 nm 和 1 550 nm 的激光光源,在长距离的局域网中使用。多模光纤使用 850 nm、1 300 nm 的发光二极管(LED)光源,被广泛地使用在局域网中。

## 2.3 无线传输介质

### 2.3.1 无线传输使用的频段

UTP 电缆、STP 电缆和光缆都是有线传输介质。由于无线传输无须布放线缆,其灵活性使得其在计算机网络通信中的应用越来越多。而且,可以预见,在未来的局域网传输介质中,无线传输将逐渐成为主角。

无线数据传输使用无线电波和微波,我们可选择的频段很广。目前在计算机网络通信中占主导地位的是 2.4 GHz 的微波。

计算机网络使用的无线频段如表 2.1 所示。

表 2.1 计算机网络使用的频段

| 频 率 | 划 分 | 主要用途 |
| --- | --- | --- |
| 300 Hz | 超低频(ELF) | |
| 3 kHz | 次低频(ILF) | |
| 30 kHz | 甚低频(VLF) | 长距离通信、导航 |
| 300 kHz | 低频(LF) | 广播 |
| 3 MHz | 中频(MF) | 广播、中距离通信 |
| 30 MHz | 高频 | 广播、长距离通信 |
| 300 MHz | 微波(甚高频,VHF) | 移动通信 |
| 2.4 GHz | 微波 | 计算机无线网络 |
| 3 GHz | 微波(超高频,UHF) | 电视广播 |
| 5.6 GHz | 微波 | 计算机无线网络 |
| 30 GHz | 微波(特高频,SHF) | 微波通信 |
| 300 GHz | 微波(极高频,EHF) | 雷达 |

## 2.3.2 无线网络的构成和设备

由无线传输介质组成的无线局域网被称为 WLAN，如图 2.16 所示。

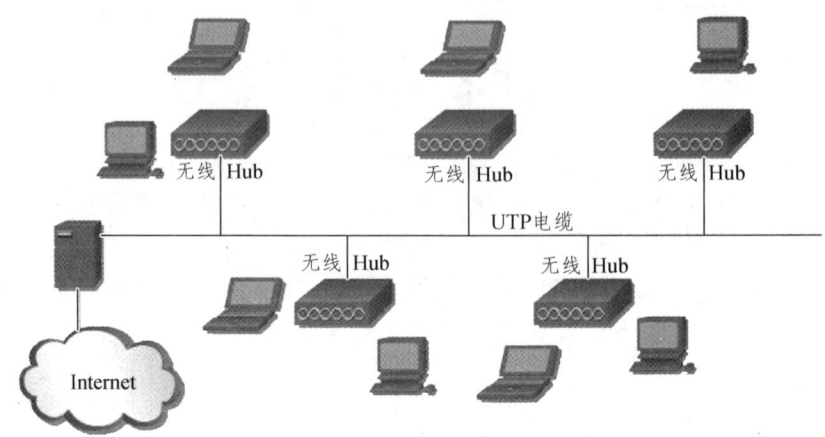

图 2.16　无线局域网（WLAN）

构成 WLAN 需要的设备少到可以只有两种——无线网卡和无线集线器。搭建 WLAN 比搭建有线网络要简单得多，只需要把无线网卡插入到台式计算机或便携式计算机，把无线 Hub 通上电，网络就搭建完成了。

无线 Hub 在一个区域内为无线节点提供连接和数据报转发，其覆盖的范围大小取决于天线的尺寸和增益的大小。通常无线 Hub 的覆盖范围是 91.44 m 到 152.4 m。为了覆盖更大的范围，就需要多个无线 Hub，如图 2.16 所示。在图中我们可以看到，每个无线 Hub 的覆盖区域需要有一定的重叠，这一点很像手机通信的基站之间的重叠。覆盖区域重叠的目的是允许设备在 WLAN 中移动。虽然没有规范明确规定重叠的深度，但是工程师在考虑无线 Hub 的位置时，一般设置为 20%～30%的重叠。这样的设置，使得 WLAN 中的便携式计算机可以漫游，而不至于出现通信中断。

图 2.17 是一幅无线 Hub 的照片。

图 2.18 是一种无线网卡的照片。

图 2.17　无线 Hub

图 2.18　无线网卡

当一台计算机希望使用WLAN的时候，它首先需要扫描侦听可以连接的无线Hub。寻找可以连接的无线Hub的方法是向空中发出一个请求包，请求包带有一个服务组标识SSID（注：网络中标识这个术语指的就是编号）。每个WLAN都会给自己设置一个服务组标识，并把服务组标识配置到这个网内的计算机和无线Hub上。因此，当具有相同SSID的无线Hub收到一个请求包的时候，它就会向计算机发送一个应答包，经过身份验证后，网络连接就建立完成了。

WLAN的传输速度随计算机与Hub的距离而变化，如图2.19所示。距离越远，通信的信号越弱，因此就需要放慢通信速度来克服噪声。WLAN这种自适应传输速度调整ARS与ADSL技术很相似。

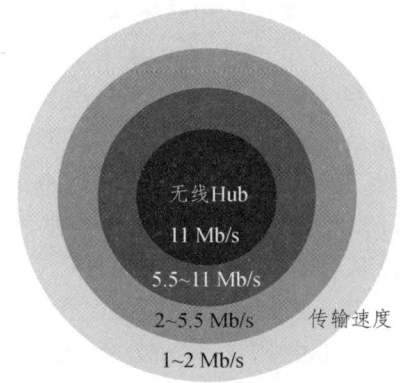

图 2.19　WLAN 的传输速度随距离而变化

目前流行的 WLAN 平均速度为 10 Mb/s。

## 2.4　国际标准化组织

网络传输介质的物理特性和电气特性需要有一个全球化的标准。这样的标准需要得到生产厂商、用户、标准化组织、通信管理部门和行业团体的支持。

计算机网络标准化的最权威部门是国际电信联盟（ITU）。国际电信联盟是一个协商组织，成立于1865年，现在是联合国的一个专门机构。国际电信联盟（ITU）的下属机构是国际电话电报咨询委员会（CCITT，也称ITU-T，国际电信联盟电信标准化机构）。CCITT提出的一系列标准涉及数据通信网络、电话交换网络、数字系统等。CCITT由其成员组成，通过协商或表决来协调确定统一的通信标准。CCITT的成员包括各国政府的代表和AT&T、GTE这样的大型通信企业。我国政府也是CCITT中一个有表决权的成员。

国际标准化组织（ISO）是一个非官办的机构。它由每一个成员国的国家标准化组织组成。美国国家标准协会ANSI是美国在ISO中的成员。ISO是一个全面的标准化组织，制定网络通信标准是其工作的组成部分。ISO在网络通信方面有时与CCITT发生冲突。事实上，ISO总是希望打破大企业对某个行业的标准垄断。ISO的标准没有行政上的约束，主要体现在中、小厂商对它的支持。通信网络中的大型企业由于其市场的规模而独立制定标准，而不去理会 ISO 制定的标准。但是，大型企业之间需要标准来维持共同的市场，它们在制定共同技术标准的时候往往发生冲突。这时，也会需要 ISO 来出面商定最终标准。所以，ISO 与大型企业之间是冲突和妥协的关系。

ISO 在网络中的知名标准就是传输介质电气性能标准 ISO/IEC 11801。

美国国家标准协会（ANSI）是美国一个全国性的技术情报交换中心，并且协调在美国实现标准化的非官方的行动。在与美国大型通信企业的关系上，ANSI 与 ISO 的立场总是一致的，因为它本身就是美国在 ISO 中的成员。ANSI 在开发 OSI 数据通信标准、密码通信、办公室系统方面非常活跃。

欧洲计算机生产厂协会（ECMA）致力于欧洲的通信技术和计算机技术的标准化。它不是一个贸易性组织，而是一个标准化和技术评议组织。ECMA 的一些分会积极地参与了 CCITT 和 ISO 的工作。

涉及网络通信介质的标准制定最直接的组织是美国电信工业协会（TIA）和美国电子工业协会（EIA）。在完成这方面工作的时候，两个组织通常是联合发布所制定的标准的。例如网络布线有名的 TIA/EIA 568 标准，是由这两个协会与 ANSI 共同发布的，事实上也是我国和其他许多国家承认的标准。TIA 和 EIA 原来是两个美国的贸易联盟，但是多年以来一直积极从事标准化的发展工作。EIA 发布的最出名的标准就是 RS-232-C，成为我国最流行的串行接口标准。

电子电气工程师协会 IEEE 是由技术专家支持的组织。由于它在技术上的权威性（而不是大型企业依靠其市场规模的发言权），多年来 IEEE 一直积极参与或被邀请参与标准化的活动。IEEE 是一个知名的技术专业团体，它的分会遍布世界各地。IEEE 在局域网方面的影响力是最大的。著名的 IEEE 802 标准已经成为局域网链路层协议和网络物理接口电气性能标准和物理尺寸上最权威的标准。

国际上制定通信标准的各类机构如图 2.20 所示。

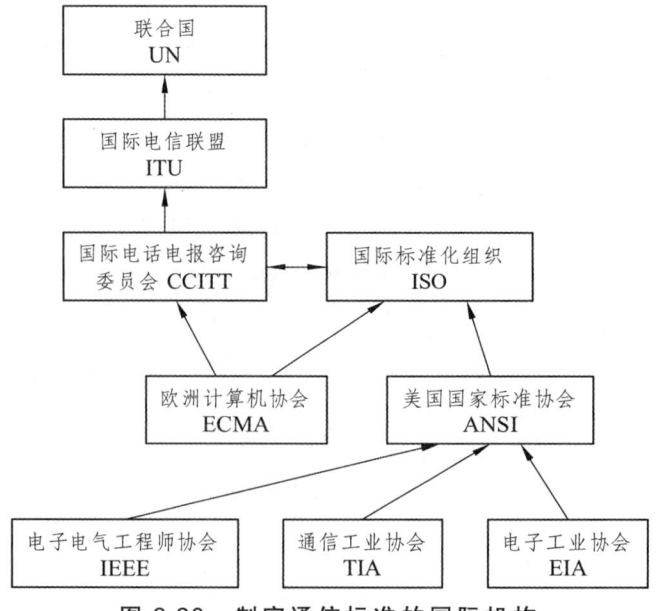

图 2.20　制定通信标准的国际机构

# 第 3 章 组建简单网络

我们要组建一个基本的网络，只需要一台集线器（Hub）或一台交换机、几块网卡和几十米 UTP 电缆就能完成。这样搭建起来的小网络虽然简易，却是全球数量最多的网络。在那些只有二三十人的小型公司、办公室、分支机构中，都能看到这样的小网络。

事实上，这样的简单网络是更复杂网络的基本单位。把这些小的、简单的网络互连到一起，就形成了更复杂的局域网（LAN）。再把局域网互连到一起，就组建出广域网（WAN）。

## 3.1 最简单的网络

如图 3.1 所示，用一个集线器就可以将数台计算机连接到一起，使计算机之间可以互相通信。我们在购买一台集线器后，只需要简单地用双绞线电缆把各台计算机与集线器连接到一起，并不需要再做其他事情，一个简单的网络就搭建成功了。

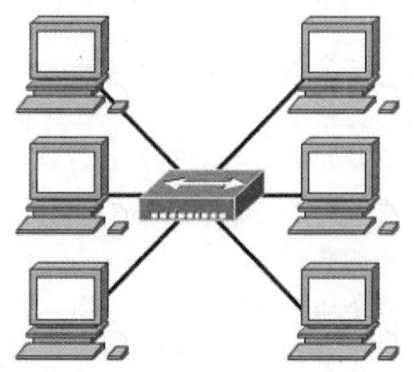

图 3.1　简单的网络连接

集线器的功能是帮助计算机转发数据包，它是最简单的网络设备，价格也非常便宜。通常，一个 24 口的集线器只需要几百元。

集线器的工作原理非常简单。当集线器从一个端口收到数据包时，它便简单地把数据包向所有端口转发。

于是，当一台计算机准备向另外一台计算机发送数据包时，实际上集线器把这个数据包转发给了所有计算机。

计算机发送出的数据包有一个报头，报头中装有目标计算机的地址（称为 MAC

地址),只有那台 MAC 地址与报头中封装的目标 MAC 地址相同的计算机才接收数据包。所以,尽管源计算机的数据包被集线器转发给了所有计算机,但是,只有目标计算机才会接收这个数据包。

## 3.2 网络连接的基本技术

### 3.2.1 数据封装——计算机网络通信的基础

从上面的描述我们可以看出,一个数据包在发送前,计算机需要为每个数据段封装报头。在报头中,最重要的数据就是地址了。

如图 3.2 所示,数据在传送之前,需要被分成若干个数据段,然后为每个数据段封装上三个报头(帧报头、IP 报头、TCP 报头)和一个报尾。

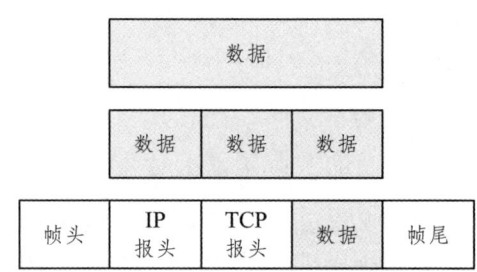

图 3.2 数据的分段与封装

被封装好了报头和报尾的一个数据段,被称为一个数据帧。

将数据分段的目的有两个:便于数据出错重发和通信线路的争用平衡。

如果在通信过程中数据出错,则需要重发数据。如果一个 2 MB 的数据报没有被分段,一旦出现数据错误,就需要将整个 2 MB 的数据重发。如果将之划分为 1 500 B 的数据段,将只需要重发出错的数据段。

当多台计算机的通信需要争用同一条通信线路时,如果数据报被分段,争用到通信线路的计算机将只能发送一个 1 500 B 的数据段,然后就需要重新争用。这样就避免了一台计算机独占通信线路,进而实现多台计算机对通信线路的平衡使用。

由图 3.2 可见,一个数据段需要封装三个不同的报头,帧报头、IP 报头和 TCP 报头。帧报头中封装了目标 MAC 地址和源 MAC 地址;IP 报头中封装了目标 IP 地址和源 IP 地址;TCP 报头中封装了目标 port 地址和源 port 地址。因此,一个局域网的数据帧中封装了 6 个地址:一对 MAC 地址、一对 IP 地址和一对 port 地址。

我们在前面已经看到了计算机 MAC 地址的使用。我们知道,用集线器联网的时候,不管是不是给本计算机的数据报,它都会发到本计算机的网卡上来,由网卡判断这一帧数据是否是发给自己的,是否需要接收。

除了MAC地址外，每台计算机还需要有一个IP地址。为什么一台计算机需要两个地址呢？因为MAC地址只是给计算机物理地址编码，当搭建更复杂一点的网络时，我们不仅要知道目标计算机的物理地址，还需要知道目标计算机在哪个网络上。因此，我们还需要目标计算机所在网络的网络地址。IP地址中就包含有网络地址和计算机网段内地址两个信息。当数据报要发给其他网络的计算机时，互联网络的路由器设备需要查询IP地址中的网络地址部分的信息，以便选择准确的路由，把数据发往目标计算机所在的网络。因此，我们可以理解为：MAC地址是用于网段内寻址的地址，而IP地址则用于网间寻址。

当数据通过MAC地址和IP地址联合寻址到达目标计算机后，目标计算机怎么处理这个数据呢？目标计算机需要把这个数据交给某个应用程序去处理，例如，邮件服务程序、浏览器程序（如大家熟悉的IE）。报头中的目标端口地址（port地址）正是用来为目标计算机指明它该用什么程序来处理接收到的数据的。

我们由此可见，要完成数据的传输，需要三级寻址。

- MAC地址：网段内寻址；
- IP地址：网间寻址；
- 端口地址：应用程序寻址。

一个数据帧的尾部，有一个帧报尾。报尾用于检查一个数据帧从发送计算机传送到目标计算机的过程中是否完好。报尾中存放的是发送计算机放置的称为CRC校验的校验结果。接收计算机用同样的校验算法计算的结果与发送计算机的计算结果比较，如果两者不同，说明本数据帧已经损坏，需要丢弃。

目前流行的帧校验算法有CRC校验、Two-dimensional parity校验和Internet checksum校验。

### 3.2.2 计算机MAC地址

MAC地址（Media Access Control ID）是一个6字节的地址码，每块计算机网卡都有一个MAC地址，由生产厂家在生产网卡的时候固化在网卡的芯片中。

如图3.3所示的MAC地址"00-60-2F-3A-07-BC"的高3个字节是生产厂家的企业编码OUI，例如"00-60-2F"是思科公司的企业编码。低3个字节"3A-07-BC"是随机数。MAC地址以一定概率保证一个局域网网段里的各台计算机的地址唯一。

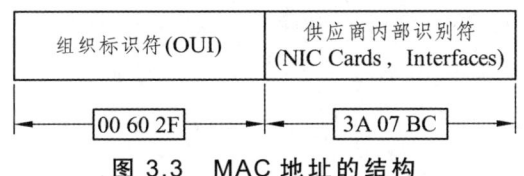

图3.3 MAC地址的结构

有一个特殊的MAC地址：FF-FF-FF-FF-FF-FF。这个二进制全为1的MAC地址是广播地址，表示这帧数据不是发给某台计算机的，而是发给所有计算机的。

在 Windows 2000 计算机上，可以在"命令提示符"窗口用"Ipconfig/all"命令查看到本机的 MAC 地址。

由于 MAC 地址是固化在网卡上，如果你更换计算机里的网卡，这台计算机的 MAC 地址也就随之改变了。

### 3.2.3 网络适配器——网卡

网卡（Network Interface Card，NIC）安装在计算机中，是计算机向网络发送和从网络中接收数据的网络设备。

图 3.4 是一种网卡的外观照片。

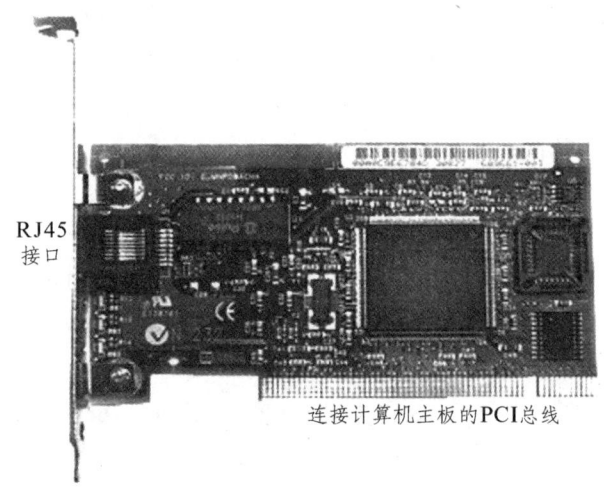

图 3.4 网卡

网卡中固化了 MAC 地址，它被烧在网卡的 ROM 芯片中。计算机在发送数据前，需要使用这个地址作为源 MAC 地址封装到帧报头中。当有数据到达时，网卡中有硬件比较器电路，将数据帧中的目标 MAC 地址与自己的 MAC 地址进行比较，只有两者相等的时候，网卡才接收这帧数据包。

当然，如果数据帧中的目标 MAC 地址是一个广播地址，网卡也要接收这帧数据包。

网卡接收完一帧数据后，将利用数据帧的报尾（4 个字节长）进行数据校验。校验合格的帧将上交给 IP 程序；校验不合格的帧将会被丢弃。

网卡通过插在计算机主板上的总线插槽上与计算机相连。目前计算机有三种总线类型：ISA、EISA 和 PCI。较新的计算机一般都提供 PCI 插槽。图 3.4 所示的网卡就是一块 PCI 总线的网卡。

网卡的一部分功能在网卡上完成，另外一部分功能则在计算机里完成。网卡需要在计算机上完成的功能的程序称为网卡驱动程序。Windows 2000/XP 搜集了常见的网卡驱动程序，当你把网卡插入计算机的总线插槽后，Windows 的即插即用功能就会自动配置相应的驱动程序，非常简便。你可以用右键点击 Windows 的"网上邻居"，选择属性，在窗口中看见"本地连接"图标。如果在窗口中看不见"本地连接"图标，说明 Windows 找不到这种型号的网卡驱动程序，这时需要自己安装驱动程序（网卡驱动程序应在随网卡一起购买的光盘或软盘中）。

### 3.2.4 以太网

由 3.1 我们知道，用一个集线器连接起来的网络，当一对计算机正在通信的时候，其他计算机的通信就必须等待。也就是说，当一台计算机需要发送数据之前，它需要侦听通信线路，如果有其他计算机的载波信号，就必须等待。只有在它争用到通信线路的时候，它才能够使用通信介质发送数据。

这种通信线路争用的技术方案，我们称为总线争用介质访问。以太网是使用总线争用技术的网络。

在以太网中，如果有多台计算机需要同时通信，那么这些计算机谁率先争得传输介质（通信线路），谁就将获得发送数据的权利。

另外一种传输介质访问技术称为令牌网技术。使用令牌网技术的令牌网，需要另外一种集线器，叫令牌网集线器。令牌网集线器能够生成令牌数据帧，它将轮流为各台计算机发送令牌帧，只有得到令牌的计算机才有权利发送数据；其他计算机需要等待令牌到达时才被允许使用传输介质。

令牌网的最大缺点是：即使网络不拥挤，需要发送数据的计算机也需要等待令牌轮转到自己，降低了通信效率。这一点是以太网相对令牌网的优势所在。但是，当网络拥挤的情况下，以太网的计算机有可能出现一些计算机争得介质的次数多，而另外一些计算机争得介质的次数少的情况，也就是介质访问次数上的不均衡。

IEEE 将以太网的规范编制为 802.3 协议，而令牌网的规范编制为 802.5 协议。如果说一个网络采用 802.3 协议，那么这个网络就是一个以太网络。802.3 协议和 802.5 协议区分了两种不同的介质访问控制技术，图 3.5 展示了两种不同的介质访问控制技术。

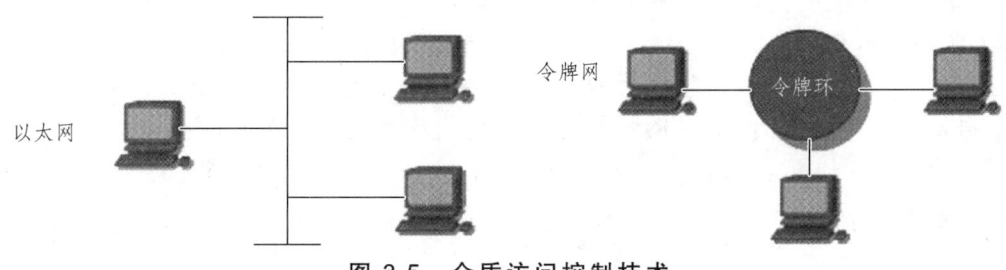

图 3.5 介质访问控制技术

在 20 世纪 90 年代中期，以太网和令牌网互有优势。但是，由于以太网交换机技术的普及、结构和协议上的简捷、价格便宜，更重要的是以太网传输速度上令人惊叹的提高（100 Mb/s、1 000 Mb/s，甚至更高），令牌网逐渐退出了与以太网的竞争。目前新建设的网络，几乎没有再见到令牌网的踪影了。

### 3.2.5　802.3 数据帧的帧结构

在采用不同网络规范的网络上，数据帧的格式是完全不一样的。在以太网中，802.3 数据帧的格式如图 3.6 所示。

| IEEE 802.3 | | | | | | |
|---|---|---|---|---|---|---|
| 7 | 1 | 6 | 6 | 2 | 46~1 500 | 4 |
| 前导码 | 帧开始符 | 目的MAC地址 | 源MAC地址 | 长度/类型 | 数据和填充 | 帧校验序列 |

图 3.6　802.3 的帧格式

一个以太网数据帧的报头由 7 个字节的同步字段、1 个字节的起始标记、6 个字节的目标 MAC 地址、6 个字节的源 MAC 地址、2 个字节的帧长度/类型、46 到 1 500 字节的数据和 4 字节的帧报尾组成。如果不算 7 个字节的同步字段和 1 个字节的起始标记字段，802.3 帧报头的长度是 14 个字节。一个 802.3 帧的长度最小是 64 字节，最长是 1 518 字节。

802.3 帧各字段的含义如下。

- 同步字段（Preamble）：这是由 7 个连续的 01010101 字节组成的同步脉冲字段。这个字段在早期的 10 Mb/s 以太网中用来进行时钟同步，在现在的快速以太网中已经不用了。但是该字段还是保留着，以便让快速以太网与早期的以太网兼容。
- 起始标记字段（Start of Frame Delimeter）：这个字段是一个固定的标志字节 10101011。用来表示同步字段结束，一帧数据开始。
- 目标 MAC 地址字段（Destination Address）：目标计算机的 MAC 地址。如果是广播，则放广播 MAC 地址 11111111。
- 源 MAC 地址字段（Source Address）：发送数据的计算机的 MAC 地址。
- 帧长度/类型字段（Length/Type）：当这个字段的数字小于等于十六进制数 0x0600 时，表示长度；大于 0x0600，表示类型。"长度"是指从本字段以后的本数据帧的字节数。"类型"则表示接收计算机上层协议的类型。例如上层协议是 ARP 协议，这个字段该填写 0x0806；上层协议是 IP 协议，这个字段该填写 0x0800。
- 数据字段（Data）：这是一帧数据的数据区。数据区最小 46 个字节，最大 1 500 个字节。规定一帧数据的最小字节数是为了定时的需要，如果帧数据不够这个字节数的数据，则需要填充。

- 帧校验字段（FCS）：FCS 字段包含一个 4 字节的 CRC 校验值。这个值由发送计算机计算并放入 CRC 字段，然后由接收计算机重新计算。接收计算机将重新计算的结果与 FCS 中发送计算机存放的 CRC 结果相比较，如果不相等，则表明此帧数据已经在传输过程中损坏。

在 IEEE 802.3 制定以前，另外有一个以太网的标准 Ethernet，资深的网络工程师都熟悉 Ethernet。以太网在英语里本来就是 Ethernet。Ethernet 帧格式与 802.3 帧格式的主要区别就在于长度/类型字段。Ethernet 帧格式里用这个字段表示上层协议的类型，而 802.3 则用来表示长度。后来 IEEE 802.3 逐渐成为以太网的主流标准，IEEE 为了兼容 Ethernet，便同时用这个字段表示长度和类型。区分它的含义是长度还是类型，用 0x0600 这个值来判定。

我们必须注意的是数据字段中的内容并不全是数据，还包含 802.2 报头、IP 报头和 TCP 报头。我们不要吃惊一帧中实际传送的数据如此小，ATM 技术一帧（改称为一个信元）只有 53 个字节，除去 5 个字节的报头，一个信元中只含有 48 个字节的数据。

## 3.3 以太网交换机

### 3.3.1 以太网交换机的工作原理

交换机用以替代集线器将个人计算机、服务器和外设连接成一个网络。

因为集线器是一个总线共享型的网络设备，在集线器连接组成的网段中，当两台计算机通信时，其他计算机的通信就必须等待，这样的通信效率是很低的。而交换机是能够同时提供点对点的多个链路，从而大大提高了网络的带宽。图 3.7 所示的就是一种以太网交换机。

图 3.7 以太网交换机

交换机的核心是交换表。交换表是一个交换机端口与 MAC 地址的映射表，如图 3.8 所示。

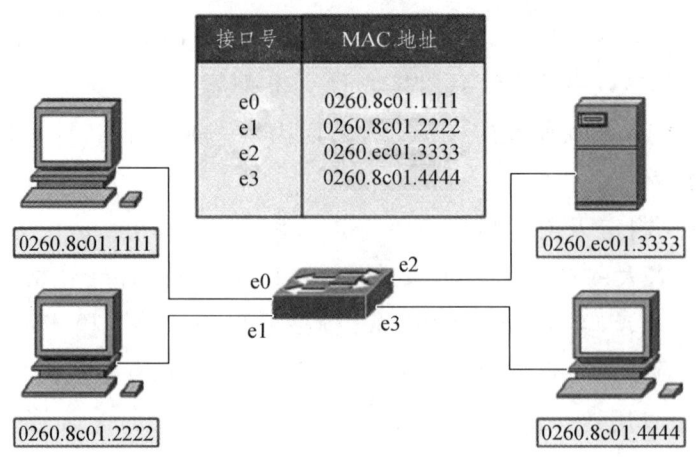

图 3.8 以太网交换机中的交换表

一帧数据到达交换机后,交换机从其帧报头中取出目标 MAC 地址,通过查表,得知应该向哪个端口转发,进而将数据帧从正确的端口转发出去。如图 3.8 所示,当左上方的计算机希望与右下方的计算机通信时,左上方计算机将数据帧发给交换机。交换机从 e0 端口收到数据帧后,从其帧报头中取出目标 MAC 地址"0260.8c01.4444"。通过查交换表,得知应该向 e3 端口转发,进而将数据帧从 e3 端口转发出去。

我们可以看到,在 e0、e3 端口进行通信的同时,交换机的其他端口仍然可以通信。例如 e1、e2 之间仍然可以同时通信。

如果交换机在自己的交换表中查不到该向哪个端口转发,则向所有端口转发。当然,广播数据报(目标 MAC 地址为"FFFF.FFFF.FFFF"的数据帧)到达交换机后,交换机将广播报文向所有端口转发。因此,交换机有两种数据帧将会向所有端口转发:广播帧和用交换表无法确认转发端口的数据帧。

交换机的核心是交换表。那么交换表是如何得到的呢?

交换表是通过自学习得到的。我们来看看交换机是如何学习生成交换表的。

交换表放置在交换机的内存中。交换机刚上电的时候,交换表是空的。当"0260.8c01.1111"计算机向"0260.ec01.2222"计算机发送报文的时候,交换机无法通过交换表得知应该向哪个端口转发报文。于是,交换机将向所有端口转发。

虽然交换机不知道目标计算机"0260.ec01.2222"在自己的哪个端口,但是它知道报文是来自 e0 端口。因此,转发报文后,交换机便把帧报头中的源 MAC 地址"0260.8c01.1111"加入到其交换表 e0 端口行中。

交换机对其他端口的计算机也是这样辨识其 MAC 地址。经过一段时间后,交换机通过自学习,得到完整的交换表。

可以看到,交换机的各个端口是没有自己的 MAC 地址的。交换机各个端口的 MAC 地址是它所连接的计算机的 MAC 地址。

如图 3.9 所示，当交换机级联的时候，连接到其他交换机的计算机的 MAC 地址都会捆绑到本交换机的级联端口。这时，交换机的一个端口会捆绑多个 MAC 地址（见图 3.9 中的 e1 端口）。

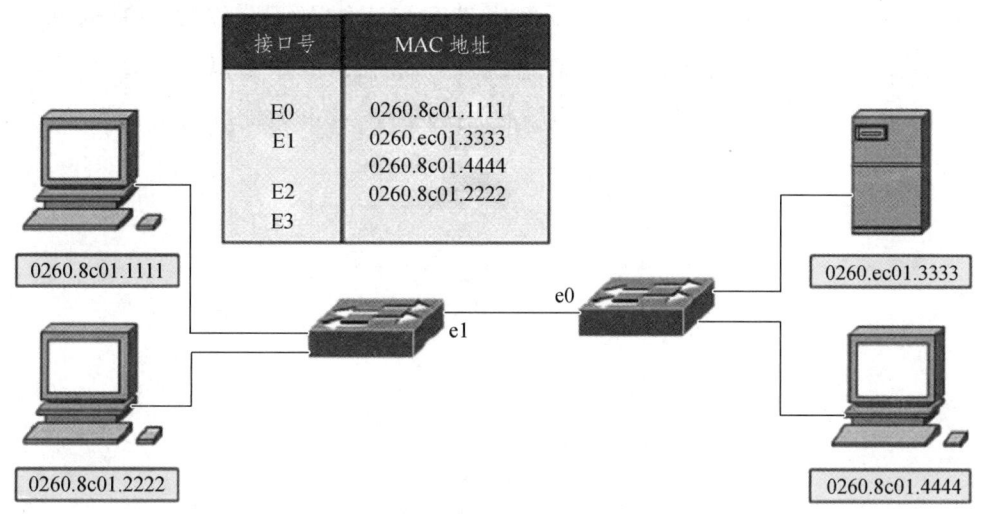

图 3.9　交换机的一个端口可以捆绑多个 MAC 地址

为了避免交换表中的垃圾地址，交换机对交换表有遗忘功能。即交换机每隔一段时间，就会清除自己的交换表，重新学习、建立新的交换表。这样做付出的代价是重新学习花费的时间和对带宽的浪费。但这是迫不得已而必须做的。新的智能化交换机，可以选择遗忘那些长时间没有通信流量的 MAC 地址，进而改进交换机的性能。

如果用以太网交换机连接一个简单的网络，一台新的交换机不需要任何配置，将各台计算机连接到交换机上就可以工作了。这时，使用交换机与使用集线器联网同样简单。

### 3.3.2　以太网交换机的类型

目前以太网交换机主要采用以下两种交换方式：直通式（Cut through）和存储转发式（Store and Forward）。

直通式：交换控制器收到以太网端口的报文包时，读出帧报头中的目标 MAC 地址，查询交换表，将报文包转发到相应端口。

存储转发方式：交换机接收到的报文包首先接受 CRC 校验。然后根据帧报头中的目标 MAC 地址和交换表，确定转发的输出端口。最后把该报文包放到那个输出端口的高速缓冲存储器中排队、转发。

直通式交换机收到报文后，只要接收到报头中的目标 MAC 地址就可以立即转发，不需要等待收到整个数据帧。而存储转发方式需要收到整个报文包并完成 CRC 校验后才转发，所以存储转发方式与直通式相比，缺点是延迟相对大一些。但是，存储转发方式不再转发损坏了的报文包，节省了网络带宽和其他网络设备的 CPU 时间。

存储转发方式的每个端口都提供高速缓冲存储器，可靠性高，且适用于速度不同链路之间的报文包转发。另外，服务质量优先 QoS 技术也只能在存储转发方式交换机中实现。

# 第 4 章  网络协议与标准

最知名的网络协议就是 TCP/IP 协议了。事实上,TCP/IP 协议是一个协议集,由很多协议组成。TCP 和 IP 是这个协议集中的两个协议,TCP/IP 协议集是用这两个协议来命名的。

TCP/IP 协议集中每一个协议涉及的功能,都用程序来实现。TCP 协议和 IP 协议有对应的 TCP 程序和 IP 程序。TCP 协议规定了 TCP 程序需要完成哪些功能,如何完成这些功能,以及 TCP 程序所涉及的数据格式。

根据 TCP 协议我们了解到,网络协议是一个约定,该约定规定了如下要求。

- 实现这个协议的程序要完成什么功能;
- 如何完成这个功能;
- 实现这个功能需要的通信报文包的格式。

如果一个网络协议涉及了硬件的功能,通常叫作标准,而不再称为协议了。所以,称呼标准还是协议本质是相同的,都是一种功能、方法和数据格式的约定,只是网络标准还需要约定硬件的物理尺寸和电气特性。最典型的标准就是 IEEE802.3,它是以太网的技术标准。

协议标准化的目的是让各家厂商的网络产品互相通用,尤其是完成具体功能的方法和通信格式。如果没有统一的标准,各家厂商的产品就无法通用。我们无法想象使用 Windows 操作系统的计算机发出的数据包,只有微软公司自己来设计交换机才能识别并转发。

为了完成计算机网络通信,实现网络通信的软硬件就需要具备一系列功能。例如为数据封装地址,对出错数据进行重发,当接收计算机无法承受大流量数据时对发送计算机的发送速度进行控制,等等。每一个功能的实现都需要设计出相应的协议,这样,各家生产厂家就可以根据协议开发出能够互相通用的网络软硬件产品。

ISO 发布了著名的开放系统互联参考模型(Open System Interconnection Reference Model),简称 OSI。OSI 模型详细规定了网络需要实现的功能、实现这些功能的方法以及通信报文包的格式。

但是,没有一家厂家遵循 OSI 模型来开发网络产品。不论是网络操作系统还是网络设备,或者遵循厂家自己制订的协议(如 Novell 公司的 Novell 协议、苹果公司的 AppleTalk 协议、微软公司的 NetBEUI 协议、IBM 公司的 SNA),或者遵循某个政府部门制订的协议(如美国国防部高级研究工程局 DARPA 的 TCP/IP 协议)。网卡和交换机这一级的产品则多是遵循电子电气工程师协会 IEEE 发布的 IEEE 802 规范。我们知道，IEEE 在组织结构上属于 ISO 组织的下级。

尽管如此，其他协议的制订者，在开发自己的协议时都参考了 ISO 的 OSI 模型，并在 OSI 模型中能够找到对应的位置。因此，学习了 OSI 模型，再去解释其他协议就变得非常容易。

事实上，就像人体架构模型对医学院的学生一样，OSI 模型几乎成了网络课教学的必备工具。

20 世纪 90 年代初曾经流行的 SPX/IPX 协议的地位现在已经被 TCP/IP 协议所取代。其他的网络协议，如 AppleTalk、DecNet 等也在迅速退出舞台。因此，现在的网络工程师只要了解了 TCP/IP 协议，就可以应付 99%的网络技术问题了。（注：IBM 公司在自己的大型机系统的通信中仍坚持 SNA 协议。但 SNA 还是留到有机会接触 IBM 大型机的时候再学习吧。）

最后，我们要记住，每一种协议都要有对应的程序（少量底层协议还要涉及硬件电路的物理特性和电气特性）。例如你在了解 TCP 协议的时候，一定要知道它是为各家厂家（微软、HP、中软等企业）编写 TCP 程序制订的。了解一种协议，也就是了解它所对应的程序是如何工作的。

## 4.1　OSI 模型

我们学习 OSI 模型是重要的，因为我们常见的网络方面的书籍或文章，都会涉及 OSI 模型。

OSI 模型详细规定了网络需要实现的功能、实现这些功能的方法以及通信报文包的格式。所有教科书都会介绍 OSI 模型。同样，几乎所有教科书对 OSI 模型的介绍都是在讨论它对网络功能的描述。

我们也是一样，通过对 OSI 对网络要实现的所有功能的描述来了解这个模型。

OSI 模型把网络功能分成 7 个层次，并从顶到底如图 4.1 按层次排列起来。这种结构正好描述了数据发送前，在发送计算机中被加工的过程。待发送的数据首先被应用层的程序加工，然后下放到下面一层继续加工。最后，数据被装配成数据帧，发送到网络上。

OSI 的 7 层协议是自下向上编号的，比如第 4 层是传输层。当我们说"出错重发是传输层的功能"时，我们也可以说"出错重发是第四层的功能"。

当我们需要把一个数据文件发往另外一台计算机

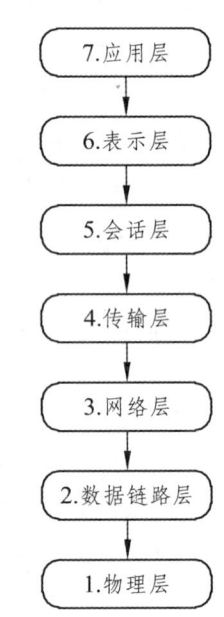

图 4.1　OSI 模型的 7 层协议

之前，这个数据要经历这 7 层协议的每一层的加工。例如我们要把一封邮件发往服务器，当我们在 Outlook 软件中编辑完成，按"发送"键后，Outlook 软件就会把我们的邮件交给第 7 层中根据 POP3 或 SMTP 协议编写的程序。POP3 或 SMTP 程序按自己的协议整理数据格式，然后发给下面层的某个程序。每一层的程序（除了物理层，它是硬件电路和网线，不再加工数据）也都会对数据格式做一些加工，还会用报头的形式增加一些信息。例如，我们知道传输层的 TCP 程序会把目标端口地址加到 TCP 报头中；网络层的 IP 程序会把目标 IP 地址加到 IP 报头中；链路层的 802.3 程序会把目标 MAC 地址装配到帧报头中。经过加工后的数据以帧的形式交给物理层，物理层的电路再以位流的形式将数据发送到网络中。

接收方计算机的过程是相反的。物理层接收到数据后，以相反的顺序遍历 OSI 的所有层，使接收方收到这个电子邮件。

我们需要了解到，数据在发送计算机沿第 7 层向下传递的时候，每一层都会给它加上自己的报头。在接收方计算机，每一层都会阅读对应的报头，拆除本层的报头把数据传送给上一层。

下面我们用表的形式概述 OSI 在 7 层模型中规定的网络功能，如表 4.1 所示。

表 4.1  OSI 七层模型的功能

| 模型层 | 功能规定 |
| --- | --- |
| 第 7 层  应用层 | 提供与用户应用程序的接口。为每一种应用的通信在报文上添加必要的信息 |
| 第 6 层  表示层 | 定义数据的表示方法，使数据以可理解的格式发送和读取 |
| 第 5 层  会话层 | 提供网络会话的顺序控制。解释用户和机器名称也在这层完成 |
| 第 4 层  传输层 | 提供端口地址寻址。建立、维护、拆除连接。流量控制。出错重发。数据分段 |
| 第 3 层  网络层 | 提供 IP 地址寻址。支持网间互联的所有功能。网络层设备包括路由器，三层交换机 |
| 第 2 层  数据链路层 | 提供链路层地址（如 MAC 地址）寻址。介质访问控制（如以太网的总线争用技术）。差错检测。控制数据的发送与接收。本层设备包括网桥、交换机 |
| 第 1 层  物理层 | 提供建立计算机和网络之间通信所必须的硬件电路和传输介质 |

ISO 在 OSI 模型中描述各个层的网络功能时，术语相当准确，但是太抽象。读者可以暂不在意上表的内容。实际上我们要了解网络通信原理，主要是了解第 7、4、3、2、1 层的功能和实现方法。OSI 的第 7、4、3 层在 TCP/IP 协议中都有对应的层，我们后面详细讨论。对于第 2、第 1 层，IEEE 提供的 802 标准有具体的实现，我们在本章后面予以详细讨论。

当读者阅读完本章后续两节（TCP/IP 协议和 IEEE 标准）后，再看表 4.1，就可以理解 OSI 对 7 层协议的描述了。我们现在需要做的只是记住各层的名字。

## 4.2 TCP/IP 协议

TCP/IP 协议是互联网中使用的协议，现在几乎成了 Windows、UNIX、Linux 等操作系统中唯一的网络协议了（微软似乎也在放弃它自己的 NetBEUI 协议了）。也就是说，没有一个操作系统按照 OSI 协议的规定编写自己的网络系统软件，而都编写了 TCP/IP 协议要求编写的所有程序。

我们在图 4.2 中列出了 OSI 模型和 TCP/IP 模型各层的英文名字。了解这些层的英文名是很重要的。

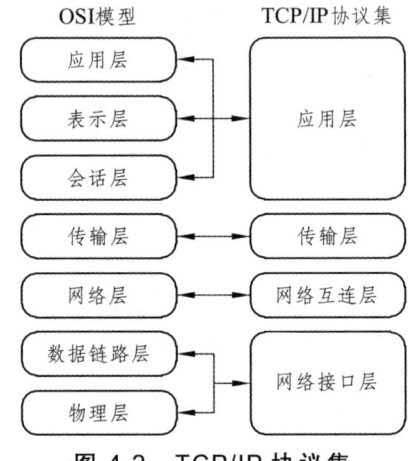

图 4.2　TCP/IP 协议集

TCP/IP 协议是一个协议集，它由十几个协议组成。从名字上我们已经看到了其中的两个协议：TCP 协议和 IP 协议。

图 4.3 是 TCP/IP 协议集中各个协议之间的关系。

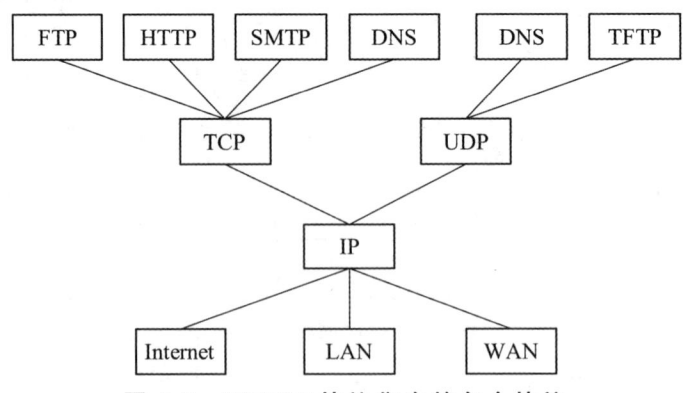

图 4.3　TCP/IP 协议集中的各个协议

TCP/IP 协议集给出了实现网络通信第三层以上的几乎所有协议，非常完整。如今，微软、HP、IBM、中软等几乎所有操作系统开发商都在自己的网络操作系统部分中实现 TCP/IP，编写 TCP/IP 要求编写的每一个程序。

主要的通信协议有：
- 应用层：FTP、TFTP、HTTP、SMTP、POP3、SNMP、DNS、Telnet；
- 传输层：TCP、UDP；
- 网络层：IP、ARP（地址解析协议）、RARP（逆向地址解析协议）、DHCP（动态 ip 地址分配）、ICMP（Internet Control Message Protocol）、RIP、IGRP、OSPF（属于路由协议）。

POP3、DHCP、IGRP、OSPF 虽然不是 TCP/IP 协议集的成员，但是都是非常知名的网络协议。我们仍然把它们放到 TCP/IP 协议的层次中来，可以更清晰地了解网络协议的全貌。

TCP/IP 协议是由美国国防部高级研究工程局（DAPRA）开发的。美国军方委托的、不同企业开发的网络需要互联，可是各个网络的协议都不相同。为此，需要开发一套标准化的协议，使得这些网络可以互联。同时，要求以后的承包商竞标的时候遵循这一协议。在 TCP/IP 出现以前美国军方的网络系统的差异混乱，是由于其竞标体系所造成的。所以 TCP/IP 出现以后，人们戏称为"低价竞标协议"。

### 4.2.1 应用层协议

TCP/IP 的主要应用层程序有：FTP、TFTP、SMTP、POP3、Telnet、DNS、SNMP、NFS。这些协议的功能从其名称上就可以看到。

- FTP：文件传输协议。

它用于计算机之间的文件交换。FTP 使用 TCP 协议进行数据传输，是一个可靠的、面向连接的文件传输协议。FTP 支持二进制文件和 ASCII 文件。

- TFTP：简单文件传输协议。

它比 FTP 简易，是一个非面向连接的协议，它使用 UDP 进行传输，因此传送速度更快。该协议多用在局域网中，交换机和路由器这样的网络设备用它把自己的配置文件传输到计算机上。

- SMTP：简单邮件传输协议。
- POP3：这也是个邮件传输协议，本不属于 TCP/IP 协议。

POP3 比 SMTP 更科学，微软等公司在编写操作系统的网络部分时，也在应用层编写了相应的程序。

- Telnet：远程终端仿真协议。

它可以使一台计算机远程登录到其他机器，成为那台远程计算机的显示和键盘终端。由于交换机和路由器等网络设备都没有自己的显示器和键盘，为了对它们进行配置，就需要使用 Telnet。

- DNS：域名解析协议。

它根据域名，解析出对应的 IP 地址。

- SNMP：简单网络管理协议。

网管工作站搜集、了解网络中交换机、路由器等设备的工作状态所使用的协议。
- NFS：网络文件系统协议。

它是允许网络上其他计算机共享某机器目录的协议。

从前面的图 4.3 可以看到，TCP/IP 协议的应用层协议有可能使用 TCP 协议进行通信，也可能使用更简易的传输层协议 UDP 完成数据通信。

### 4.2.2 传输层协议

传输层是 TCP/IP 协议集中协议最少的一层，只有两个协议：传输控制协议 TCP 和用户数据报协议 UDP。

TCP 协议要完成 5 个主要功能：端口地址寻址，连接的建立、维护与拆除，流量控制，出错重发，数据分段。

#### 1. 端口地址寻址

网络中的交换机、路由器等设备需要分析数据报中的 MAC 地址、IP 地址，甚至端口地址。也就是说，网络要转发数据，会需要 MAC 地址、IP 地址和端口地址的三重寻址。因此在数据发送之前，需要把这些地址封装到数据报的报头中。

那么，端口地址做什么用呢？可以想象数据报到达目标计算机后的情形。当数据报到达目标计算机后，链路层的程序会通过数据报的帧报尾进行 CRC 校验。校验合格的数据帧被去掉帧报头向上交给 IP 程序。IP 程序去掉 IP 报头后，再向上把数据交给 TCP 程序。待 TCP 程序把 TCP 报头去掉后，它把数据交给谁呢？这时，TCP 程序就可以通过 TCP 报头中由源计算机指出的端口地址，了解到发送计算机希望目标计算机的什么应用层程序接收这个数据报。

因此我们说，端口地址寻址是对应用层程序寻址。

图 4.4 给出了常用的端口地址。

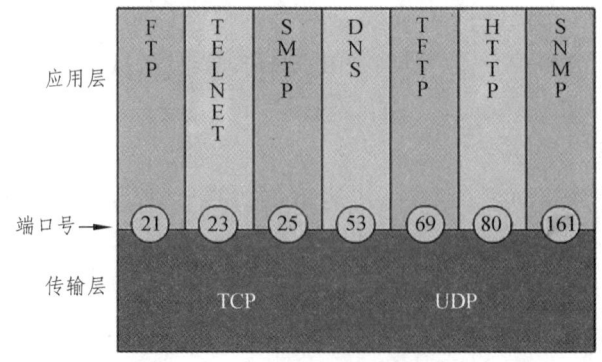

图 4.4　常用的端口地址

从图中我们注意到 WWW 所用 HTTP 协议的端口地址是 80。另外一个在互联网中频繁使用的应用层协议 DNS 的端口号是 53。TCP 和 UDP 的报头中都需要支持端口地址。

目前，应用层程序的开发者都接受 TCP/IP 对端口号的编排。详细的端口号编排可以在 TCP/IP 的注释 RFC1700 查到。（RFC 文档资料可以在互联网上查到，对所有阅读者都是开放的。）

TCP/IP 规定端口号的编排方法如下。

- 低于 255 的编号：用于 FTP、HTTP 这样的公共应用层协议。
- 255 到 1 023 的编号：提供给操作系统开发公司，为市场化的应用层协议编号。
- 大于 1 023 的编号：普通应用程序。

我们可以看到，除了社会公认度很高的应用层协议，才能使用 1 023 以下的端口地址编号。一般的应用程序通信，需要在 1 023 以上进行编号。例如我们自己开发的审计软件中，涉及两台计算机审计软件之间的通信，可以自行选择一个 1 023 以上的编号。知名的游戏软件 CS 的端口地址设定为 26 350。

端口地址的编码范围从 0 到 65 535。从 1 024 到 49 151 的地址范围需要注册使用，49 152 到 65 535 的地址范围可以自由使用。

端口地址被源计算机在数据发送前封装在其 TCP 报头或 UDP 报头中。图 4.5 给出了 TCP 报头的格式。

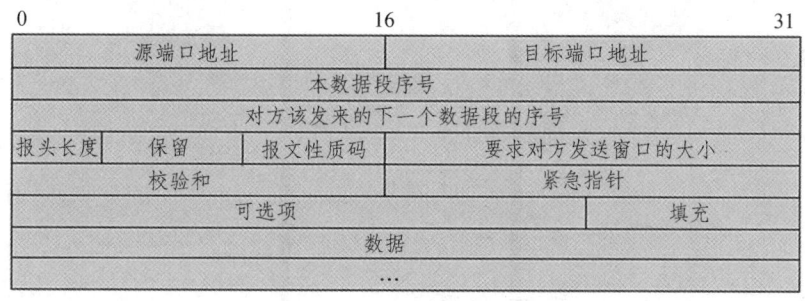

图 4.5　TCP 的报头格式

从图 4.5 的 TCP 报头格式我们看到，端口地址使用两个字节 16 位二进制数来表示，被放在 TCP 报头的最前面。

计算机网络中约定，当一台计算机向另外一台计算机发出连接请求时，发送请求的这台计算机被视为客户机，而接受请求的那台计算机被视为发送请求计算机的服务器。通常，客户机在给自己的程序编端口号时，随机使用一个大于 1 023 的编号。例如一台计算机要访问 WWW 服务器，在其 TCP 报头中的源端口地址封装为 1 391，目标端口地址则需要为 80，指明与 HTTP 通信，具体情况如图 4.6 所示。

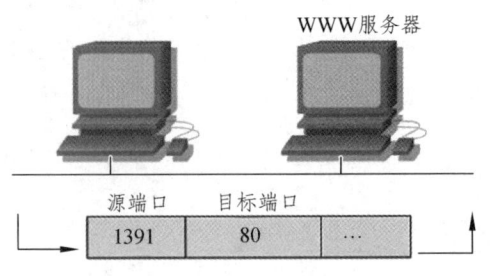

图 4.6　端口地址的使用

### 2. TCP 连接的建立、维护与拆除

TCP 协议是一个面向连接的协议。所谓面向连接，是指一台计算机需要和另外一台计算机通信时，需要先呼叫对方，请求与对方建立连接。只有对方同意，才能开始通信。

这种呼叫与应答的操作非常简单。所谓呼叫，就是连接的发起方发送一个"建立连接请求"的报文包给对方。对方如果同意这个连接，就简单地发回一个"连接响应"的应答包，连接就建立起来了。

图 4.7 描述了 TCP 建立连接的过程。

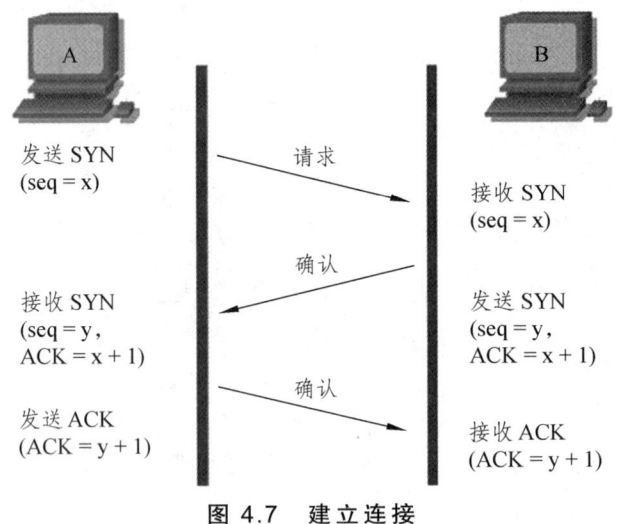

图 4.7　建立连接

计算机 A 希望与计算机 B 建立连接以交换数据，计算机 A 的 TCP 程序首先构造一个请求连接报文包给计算机 B。请求连接包的 TCP 报头中的报文性质码标志为 SYN（见图 4.8），声明是一个"连接请求包"。计算机 B 的 TCP 程序收到计算机 A 的连接请求后，如果同意这个连接，就发回一个"确认连接包"，应答计算机 A。计算机 B 的确认连接包的 TCP 报头中的报文性质码标志为 ACK。

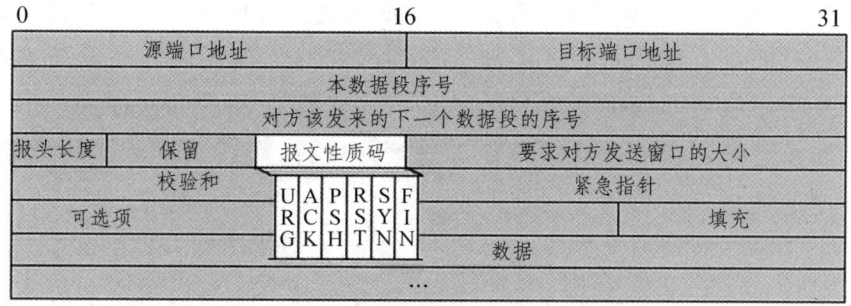

图 4.8　SYN 标志位和 ACK 标志位

　　SYN 和 ACK 是 TCP 报头中报文性质码的连接标志位（见图 4.8）。建立连接时，SYN 标志位置 1，ACK 标志位置 0，表示本报文包是个同步（Synchronization）包。确认连接的包，ACK 置 1，SYN 置 1，表示本报文包是个确认（Acknowledgment）包。

　　从图 4.7 可以看到，建立连接有第三个包，是计算机 A 对计算机 B 的连接确认。计算机 A 为什么要发送第三个包呢？

　　考虑这样一种情况：计算机 A 发送一个连接请求包，但这个请求包在传输过程中丢失。计算机 A 发现超时仍未收到计算机 B 的连接确认，会怀疑有包丢失。计算机 A 再重发一个连接请求包。第二个连接请求包到达计算机 B，保证了连接的建立。

　　但是如果第一个连接请求包没有丢失，而只是网络慢而导致计算机 A 超时呢？这就会使计算机 B 收到两个连接请求包，使计算机 B 误以为第二个连接请求包是计算机 A 的又一个请求。第三个确认包就是为防止这样的错误而设计的。

　　这样的连接建立机制被称为"三次握手"。

　　一些教科书给人们以这样的概念：TCP 在数据通信之前先要建立连接，是为了确认对方是 active 的，并同意连接。这样的通信是可靠的。建立连接确实实现了这样的功能。

　　但是我们从 TCP 程序设计的深层看，源计算机 TCP 程序发送"连接请求包"是为了触发对方计算机的 TCP 程序新建一个对应的 TCP 进程，双方的进程之间传输着数据。这一点可以这样理解：对方计算机中建立了多个 TCP 进程，分别与多台计算机的多个 TCP 进程在通信。你的计算机也可以邀请对方建立多个 TCP 进程，同时进行多路通信。

　　对方同意与你建立连接，对方就要分出一部分内存和 CPU 时间等资源运行与你通信的 TCP 进程。（一种叫作 flood 的黑客攻击就是采用无休止地邀请对方建立连接，使对方计算机建立无数个 TCP 进程与之连接，最后耗尽对方计算机的资源。）

　　可以理解，当通信结束时，发起连接的计算机应该发送拆除连接的报文包，通知对方计算机关闭相应的 TCP 进程，释放所占用的资源。拆除连接报文包的 TCP 报头中，报文性质码的 FIN 标志位置 1，表明是一个拆除连接的报文包。

　　为了防止连接双方的一侧出现故障后异常关机，而另外一方的 TCP 进程无休止地驻留，任何一方的TCP程序如果发现对方长时间没有通信流量，就会拆除连接。但有时确实有一段时间没有流量，但还需要保持连接，TCP程序就需要发送空的报文包，以维持这个连接。维持连接的报文包的英语名称非常直观：Keepalive。为了在一段时间内没有数据发送但还需要保持连接而发送Keepalive包，被称为连接的维护。

TCP程序为实现通信而对连接进行建立、维护和拆除的操作，称为TCP的传输连接管理。

最后，我们再看看TCP是怎么知道需要建立连接的。当应用层的程序需要数据发送的时候，就会把待发送的数据放在一块内存区域。然后调用TCP程序，并把目标IP地址和数据大小、数据区的首地址等参数传递给TCP程序。

### 3. TCP报头中的报文序号

TCP是将应用层交给的数据分段后发送的。为了支持数据出错重发和数据段组装，TCP程序为每个数据段封装的报头中，设计了两个数据报序号字段，分别称为发送序号和确认序号。

出错重发是指一旦发现有丢失的数据段，可以重发丢失的数据，以保证数据传输的完整性。如果数据没有分段，出错后源计算机就不得不重发整个数据。为了确认丢失的是哪个数据段，报文就需要安装序号。

另一方面，数据分段可以使报文在网络中的传输非常灵活。一个数据的各个分段，可以选择不同的路径到达目标计算机。由于网络中各条路径在传输速度上的不一致性，有可能前面发出的数据段后到达，而后发出的数据段先到达。为了使目标计算机能够按照正确的次序重新装配数据，也需要在数据段的报头中安装序号。

TCP报头中的第三、第四字段是两个基本序号字段。发送序号是指本数据段是第几号报文包。接收序号是指对方该发来的下一个数据段是第几号段。确认序号实际上是已经接收到的最后一个数据段加1。（如果TCP的设计者把这个字段定义为已经接收到的最后一个数据段序号。）

如图4.9所示，左方计算机发送Telnet数据，目标端口号为23（参阅图4.4），源端口号为1 028。发送序号（Sequencing Numbers）为10，表明本数据是第10段。确认序号（Acknowledgement Numbers）为1，表明左方计算机收到右侧计算机发来的数据段数为0，右侧计算机应该发送的数据段是1。

右侧计算机向左方计算机发送的数据报中，发送序号是1，确认序号是11。确认序号是11表明右侧计算机已经接收到左方计算机第10号包以前的所有数据段。

TCP协议设计在报头中安装第二个序号字段是很精彩的。这样，对接收到的对方数据的确认随着本计算机的数据发送而载波过去，而不是单独发送确认包，大大节省了网络带宽和接收计算机的CPU时间。

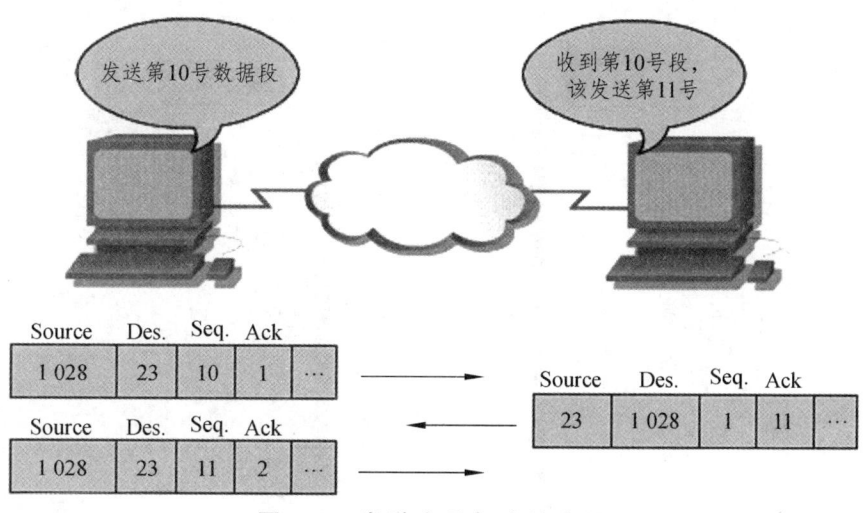

图 4.9　发送序号与确认序号

### 4. PAR 出错重发机制

在网络中有两种情况会丢失数据包。如果网络设备（交换机、路由器）的负荷太大，当其数据包缓冲区满的时候，就会丢失数据包。另外一种情况是，如果在传输中因为噪声干扰、数据碰撞或设备故障，数据包就会受到损坏。在接收计算机的链路层接受校验时就会被丢弃。

发送计算机应该发现丢失的数据段，并重发出错的数据。

TCP使用称为PAR的出错重发方案（Positive Acknowledgment and Retransmission），这个方案是许多协议都采用的方法。

TCP 程序在发送数据时，先把数据段都放到其发送窗口中，然后再发送出去。接下来，PAR 会为发送窗口中每个已发送的数据段启动定时器。被对方计算机确认收到的数据段，将从发送窗口中删除。如果某数据段的定时时间到，仍然没有收到确认，PAR 就会重发这个数据段。

在图 4.10 中，发送计算机的 2 号数据段丢失。接收计算机只确认了 1 号数据段。发送计算机从发送窗口中删除已确认的 1 号包，放入 4 号数据段（发送窗口=3，没有地方放更多的待发送数据段），将数据段 2、3、4 号发送出去。其中，数据段 2、3 号是重发的数据段。这张示意图描述了 PAR 的出错重发机制。

细心的读者会发现，尽管数据段 3 已经被接收计算机收到，但是仍然被重发。这显然是一种浪费。但是 PAR 机制只能这样处理。读者可能会问，为什么不能通知源计算机哪个数据段丢失呢？那样的话，源计算机可以一目了然，只需要发送丢失的段。好，我们来分析一下：如果连续丢失了十几个段，甚至更多，而 TCP 报头中只有一个确认序号字段,该通知源计算机重发哪个丢失的数据段呢？如果单独设计一个数据包，用来通知源计算机所有丢失的数据段也不行。因为如果通知源计算机该重发哪些段的包也丢失了该怎么办呢？

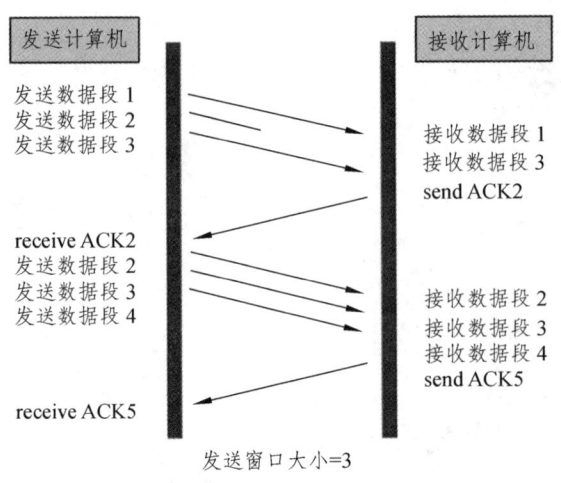

图 4.10 PAR 出错重发机制

PAR 出错重发机制"Positive Acknowledgment and Retransmission"中的"主动 Positive"一词,是指发送计算机不是消极地等待接收计算机的出错信息,而是会主动地发现问题,实施重发的。虽然 PAR 机制有一些缺点,但是比起其他的方案,PAR 仍然是最科学的。

**5. TCP 是如何进行流量控制的**

如果接收计算机同时与多个 TCP 通信,接收的数据包的重新组装需要在内存中排队。如果接收计算机的负荷太大,因为内存缓冲区满,就有可能丢失数据。因此,当接收计算机无法承受发送计算机的发送速度时,就需要通知发送计算机放慢数据的发送速度。

事实上,接收计算机并不是通知发送计算机放慢发送速度,而是直接控制发送计算机的发送窗口大小。接收计算机如果需要对方放慢数据的发送速度,就减小数据报中 TCP 报头里"发送窗口"字段的数值。对方计算机必须服从这个数值,减小发送窗口的大小。从而降低了发送速度。

在图 4.11 中,发送计算机开始的发送窗口大小是 3,每次发送 3 个数据段。接收计算机要求窗口大小为 1 后,发送计算机调整了发送窗口的大小,每次只发送一个数据段,因此降低了发送速度。

极端的情况,如果接收计算机把窗口大小字段设置为 0,发送计算机将暂停发送数据。

有趣的是,尽管发送计算机接受接收计算机的窗口设置降低了发送速度,但是,发送计算机自己会渐渐扩大窗口。这样做的目的是尽可能地提高数据发送的速度。

实际上,TCP 报头中的窗口字段不是用数据段的个数来说明大小,而是以字节数为大小的单位的。

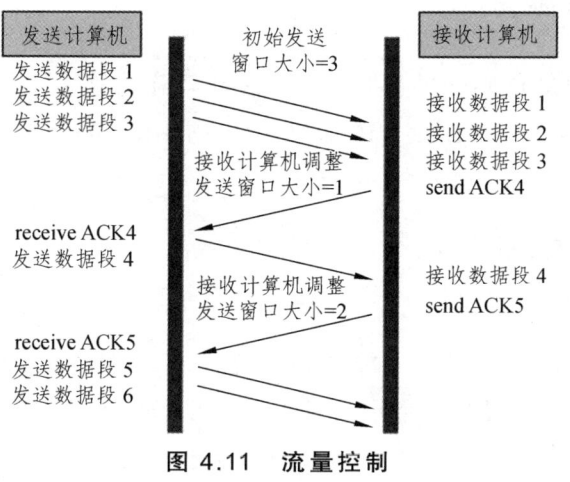

图 4.11 流量控制

### 6. UDP 协议

在 TCP/IP 协议集中设计了另外一个传输层协议：无连接数据传输协议（Connectionless Data transport Protocol），又叫 UDP 协议，这是一个简化了的传输层协议。UDP 去掉了 TCP 协议中 5 个功能中的 3 个功能：连接建立、流量控制和出错重发，只保留了端口地址寻址和数据分段两个功能。

UDP 通过牺牲可靠性换得通信效率的提供。对于那些数据可靠性要求不高的数据传输，可以使用 UDP 协议来完成。例如 DNS、SNMP、TFTP、DHCP 等。

UDP 报头的格式非常简单，核心内容只有源端口地址和目标端口地址两个字段，UDP 报头详细格式如图 4.12 所示。DHCP 的详细描述见 RFC768。

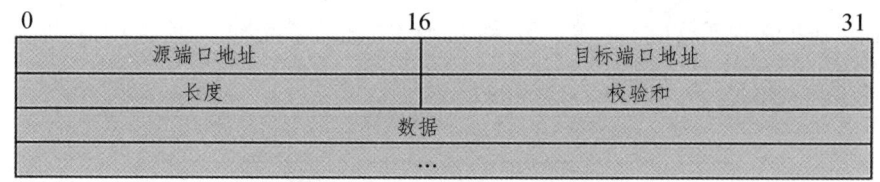

图 4.12 UDP 报头的格式

UDP 程序需要与 TCP 程序一样完成端口地址寻址和数据分段两个功能。但是它不能知道数据包是否到达目标计算机，接收计算机也不能抑制发送计算机发送数据的速度。由于数据报中不再有报文序号，一旦数据包沿不同路由到达目标计算机的次序出现变化，目标计算机也无法按正确的次序纠正这样的错误。

TCP 是一个面向连接的、可靠的传输协议；UDP 是一个非面向连接的、简易的传输协议。

### 4.2.3 网络层协议

TCP/IP 协议集中最重要的成员是 IP 和 ARP。除了这两个协议外,网络层还有一些其他的协议,如 RARP、DHCP、ICMP、RIP、IGRP、OSPF 等。

## 4.3 IEEE 802 标准

TCP/IP 没有对 OSI 模型最下面两层的实现。TCP/IP 协议主要是在网络操作系统中实现的。计算机中传输层和网络层的任务由 TCP/IP 程序来完成,而 OSI 模型最下面两层数据链路层和物理层的功能则是由网卡制造厂商的程序和硬件电路来完成。

网络设备厂商在制造网卡、交换机、路由器的时候,其数据链路层和物理层的功能是依照 IEEE 制订的 802 规范,而没有按照 OSI 的具体协议开发。

IEEE 制订的 802 规范标准规定了数据链路层和物理层的功能如下。

- 物理地址寻址:发送方需要对数据包安装帧报头,将物理地址封装在帧报头中。接收方能够根据物理地址识别是否是发给自己的数据。
- 介质访问控制:如何使用共享传输介质,避免介质使用冲突。知名的局域网介质访问控制技术有以太网技术、令牌网技术、FDDI 技术等。
- 数据帧校验:数据帧在传输过程中是否受到了损坏,丢弃损坏了的帧。
- 数据的发送与接收:操作内存中的待发送数据向物理层电路中发送的过程。在接收方完成相反的操作。

IEEE802 根据不同功能,有相应的协议规范,如标准以太网协议规范 802.3、无线局域网 WLAN 协议规范 802.11 等,统称为 IEEE 802x 标准。图 4.13 列出的是现在流行的 802 标准。

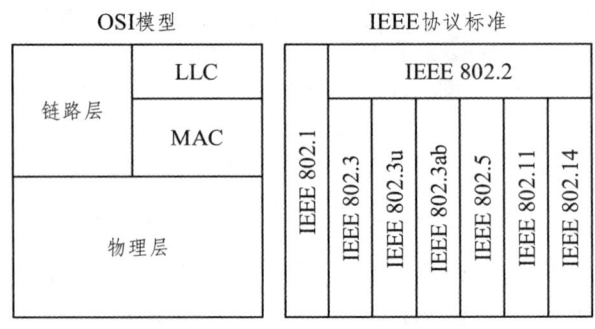

图 4.13 IEEE 协议标准

由图 4.13 可见,OSI 模型把数据链路层又划分为两个子层:逻辑链路控制 LLC（Logical Link Control）子层和介质访问控制 MAC（Media Access Control）子层。LLC

子层的任务是提供网络层程序与链路层程序的接口，使得链路层主体 MAC 层的程序设计独立于网络层的具体某个协议程序。这样的设计是必要的，例如新的网络层协议出现时，只需要为这个新的网络层协议程序写出对应的 LLC 层接口程序，就可以使用已有的链路层程序，而不需要全部推翻过去的链路层程序。

MAC 层完成所有 OSI 对数据链路层要求完成的功能：物理地址寻址、介质访问控制、数据帧校验、数据发送与接收的控制。

IEEE 遵循 OSI 模型，也把数据链路层分为两层，设计出 IEEE802.2 协议与 OSI 的 LLC 层对应，并完成相同的功能。（事实上，OSI 把数据链路层划分出 LLC 是非常科学的，IEEE 没有道理不借鉴 OSI 模型的如此设计。）

可见，IEEE802.2 协议对应的程序是一个接口程序，提供了流行的网络层协议程序（IP、ARP、IPX、RIP 等）与数据链路层的接口，使网络层的设计成功地独立于数据链路层所涉及的网络拓扑结构、介质访问方式、物理寻址方式等。

IEEE802.1 有许多子协议，其中有些已经过时。但是新的 IEEE802.1Q、IEEE802.1D 协议（1998 年制订）则是最流行的 VLAN 技术和 QoS 技术的设计标准规范。

IEEE 802x 的核心标准是十余个跨越 MAC 子层和物理层的设计规范，目前我们关注的是如下 9 个知名的规范。

- IEEE 802.3：以太网标准规范，提供 10 Mb/s 局域网的介质访问控制子层和物理层设计标准。
- IEEE 802.3u：快速以太网标准规范，提供 100 Mb/s 局域网的介质访问控制子层和物理层设计标准。
- IEEE 802.3ab：千兆以太网标准规范，提供 1 000 Mb/s 局域网的介质访问控制子层和物理层设计标准。
- IEEE 802.5：令牌环网标准规范，提供令牌环介质访问方式下的介质访问控制子层和物理层设计标准。
- IEEE 802.11：无线局域网标准规范，提供 2.4 GHz 波段 1~2 Mb/s 低速 WLAN 的介质访问控制子层和物理层设计标准。
- IEEE 802.11a：无线局域网标准规范，提供 5 GHz 波段 54 Mb/s 高速 WLAN 的介质访问控制子层和物理层设计标准。
- IEEE 802.11b：无线局域网标准规范，提供 2.4 GHz 波段 11 Mb/s WLAN 的介质访问控制子层和物理层设计标准。
- IEEE 802.11g：无线局域网标准规范，提供 IEEE 802.11a 和 IEEE 802.11b 的兼容标准。
- IEEE 802.14：有线电视网标准规范，提供 Cable Modem 技术所涉及的介质访问控制子层和物理层设计标准。

在上述规范中，我们忽略掉一些不常见的标准规范。尽管 802.5 令牌环网标准规范描述的是一个停滞了的技术，但它是以太网技术的一个对立面，因此我们仍然将它列出，以强调以太网介质访问控制技术的特点。

另外一个曾经很热门的数据链路层协议标准 FDDI 不是 IEEE 课题组开发的（从名称上能够看出它不是 IEEE 的成员），而是美国国家标准协会 ANSI 为双闭环光纤令牌网开发的协议标准。

# 第 5 章　网络寻址

　　与邮政通信一样，网络通信也需要有对传输内容进行封装和注明接收者地址的操作。邮政通信的地址结构是有层次的，要分出城市名称、街道名称、门牌号码和收信人。网络通信中的地址也是有层次的，分为网络地址、物理地址和端口地址。网络地址说明目标计算机在哪个网络上；物理地址说明目标网络中哪一台计算机是数据报的目标计算机；端口地址则指明目标计算机中的哪个应用程序接收数据报。我们可以拿计算机网络地址结构与邮政通信的地址结构比较起来理解：网络地址可想象为城市和街道的名称；物理地址则可比作门牌号码；而端口地址则与同一个门牌下哪个人接收信件很相似。

　　标识目标计算机在哪个网络的是 IP 地址。IP 地址用四个点分十进制数表示，如"172.155.32.120"。只是 IP 地址是个复合地址，完整地看是一台计算机的地址。只看前半部分，表示网络地址。地址"172.155.32.120"表示一台计算机的地址，"172.155.0.0"则表示这台计算机所在网络的网络地址。

　　IP 地址封装在数据报的 IP 报头中。IP 地址有两个用途：一个用途是网络的路由器设备使用 IP 地址确定目标网络地址，进而确定该向哪个端口转发报文；另外一个用途就是源计算机用目标计算机的 IP 地址来查询目标计算机的物理地址。

　　物理地址封装在数据报的帧报头中。典型的物理地址是以太网中的 MAC 地址。MAC 地址在两个地方使用：计算机中的网卡通过报头中的目标 MAC 地址判断网络送来的数据报是不是发给自己的；网络中的交换机通过使用报头中的目标 MAC 地址确定数据报该向哪个端口转发。其他物理地址的实例是帧中继网中的 DLCI 地址和 ISDN 中的 SPID。

　　端口地址封装在数据报的 TCP 报头或 UDP 报头中。端口地址是源计算机告诉目标计算机本数据报是发给对方的哪个应用程序的。例如：如果 TCP 报头中的目标端口地址指明是 80，则表明数据是发给 WWW 服务程序；如果是 25 130，则是发给对方计算机的 CS 游戏程序的。

　　计算机网络是靠网络地址、物理地址和端口地址的联合寻址来完成数据传送的。缺少其中的任何一个地址，网络都无法完成寻址。（点对点连接的通信是一个例外。点对点通信时，两台计算机用一条物理线路直接连接，源计算机发送的数据只会沿这条物理线路到达另外那台计算机，物理地址是没有必要的了。）

## 5.1 IP 地址寻址

### 5.1.1 IP 地址

IP 地址是一个四字节 32 位长的地址码。一个典型的 IP 地址为"200.1.25.7"（以点分十进制表示）。

IP 地址可以用点分十进制数表示，也可以用二进制数来表示。

- 十进制 IP 地址：200.1.25.7；
- 二进制 IP 地址：11001000 00000001 00011001 00000111。

IP 地址被封装在数据包的 IP 报头中，供路由器在网间寻址的时候使用。

因此，网络中的每台计算机，既有自己的 MAC 地址，也有自己的 IP 地址，如图 5.1 所示。MAC 地址用于网段内寻址，IP 地址则用于网段间寻址。

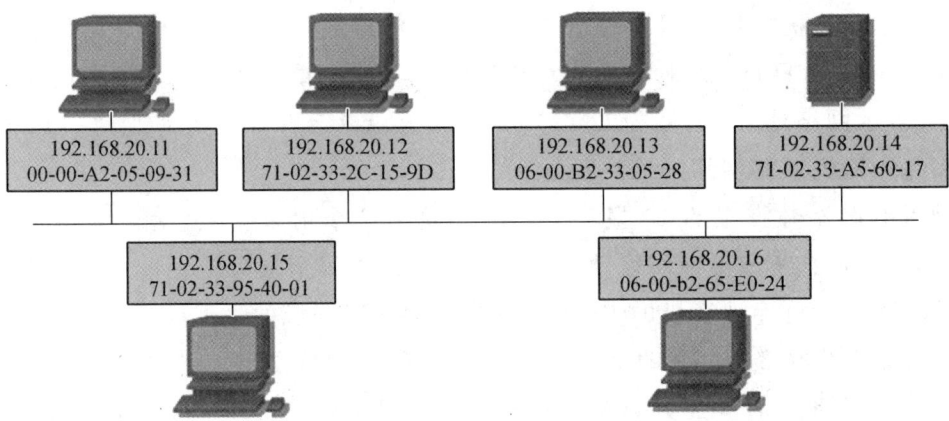

图 5.1　每台计算机需要有一对地址

IP 地址分为 A、B、C、D、E 共 5 类地址，其中前三类是我们经常涉及的 IP 地址。识别一个 IP 是哪类地址可以从其第一个字节来区别。如图 5.2 所示。

| IP 地址类别 | IP 地址范围<br>（括号前是十进制，括号内是二进制） |
|---|---|
| A类 | 1~126(00000001~01111110) |
| B类 | 128~191(10000000~10111111) |
| C类 | 192~223(11000000~11011111) |
| D类 | 224~239(11100000~11101111) |
| E类 | 240~255(11110000~11111111) |

图 5.2　IP 地址的分类

A 类地址的第一个字节在 1 到 126 之间；B 类地址的第一个字节在 128 到 191 之间；C 类地址的第一个字节在 192 到 223 之间。例如"200.1.25.7"，是一个 C 类 IP 地址；"155.22.100.25"是一个 B 类 IP 地址。

A、B、C 类地址是我们常用来为计算机分配的 IP 地址。D 类地址用于组播组的地址标识。E 类地址是 IETF（Internet Engineering Task Force）组织保留的 IP 地址，用于该组织自己的研究。

一个 IP 地址分为两部分：网络地址码部分和计算机码部分。如图 5.3 所示，A 类 IP 地址用第一个字节表示网络地址编码，低三个字节表示计算机编码；B 类地址用第一、第二两个字节表示网络地址编码，后两个字节表示计算机编码；C 类地址用前三个字节表示网络地址编码，最后一个字节表示计算机编码。

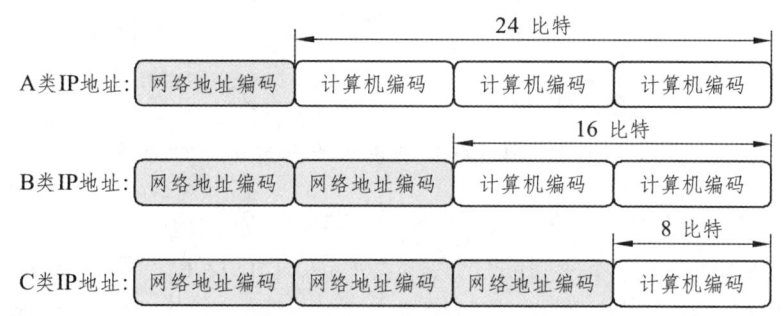

图 5.3　A、B、C 三类 IP 地址的网络地址码部分和计算机码部分

把一台计算机的 IP 地址的计算机码置为 0 得到的地址码，就是这台计算机所在网络的网络地址。例如"200.1.25.7"是一个 C 类 IP 地址，我们将其计算机码部分（最后一个字节）置为全 0，"200.1.25.0"就是"200.1.25.7"计算机所在网络的网络地址。"155.22.100.25"是一个 B 类 IP 地址，我们将其计算机码部分（最后两个字节）置为全 0，"155.22.0.0"就是"155.22.100.25"计算机所在网络的网络地址。

图 5.1 中的 6 台计算机都在"192.168.20.0"网络上。

我们知道 MAC 地址是固化在网卡中的，由网卡的制造厂家随机生成。IP 地址是怎么得到的呢？IP 地址是由 InterNIC（Network Information Center）分配的。我们通常是从 ISP（互联网服务提供商）处购买 IP 地址，ISP 可以分配它所购买的一部分 IP 地址给你。

A 类地址通常分配给非常大型的网络，因为 A 类地址的计算机位有三个字节的计算机编码位，提供多达 1 600 万（$2^{24}-2$）个 IP 地址给计算机。也就是说"61.0.0.0"这个网络，可以容纳多达 1 600 万台计算机。全球一共只有 126 个 A 类网络地址，目前已经没有 A 类地址可以分配了。当你使用 IE 浏览器查询一个国外网站的时候，留心观察左下方的地址栏，可以看到一些网站分配了 A 类 IP 地址。

B 类地址通常分配给大机构和大型企业，每个 B 类网络地址可提供 65 534（$2^{16}-2$）个计算机 IP 地址。全球一共有 16 384 个 B 类网络地址。

C 类地址用于小型网络，大约有 200 万个 C 类地址。C 类地址只有一个字节用来表示这个网络中的计算机，因此每个 C 类网络地址只能提供 254（$2^8-2$）个计算机 IP 地址。

你可能注意到了，A 类地址第一个字节最大为 126，而 B 类地址的第一个字节最小为 128。第一个字节为 127 的 IP 地址，即不属于 A 类也不属于 B 类。第一个字节为 127 的 IP 地址实际上被保留用作回返测试，即计算机把数据发送给自己。例如 "127.0.0.1" 是一个常用的用作回返测试的 IP 地址。

我们由图 5.4 可见，有两类地址不能分配给计算机：网络地址和广播地址。

图 5.4 网络地址和广播地址不能分配给计算机

广播地址是计算机码置为全 1 的 IP 地址。例如 "198.150.11.255" 是 "198.150.11.0" 网络中的广播地址。在图 5.4 中的网络里，"198.150.11.0" 网络中的计算机只能在 "198.150.11.1" 到 "198.150.11.254" 范围内分配，"198.150.11.0" 和 "198.150.11.255" 不能分配给计算机。

有些内部 IP 地址不必从 IP 地址注册机构 IANA（Internet Assigned Numbers Authority）处申请得到，这类地址的范围由图 5.5 给出。

| 内部IP地址类 | 内部IP地址范围 |
|---|---|
| A | 10.0.0.0 到 10.255.255.255 |
| B | 172.16.0.0 到 172.31.255.255 |
| C | 192.168.0.0 到 192.168.255.255 |

图 5.5 内部 IP 地址

RFC1918 文件分别在 A、B、C 类地址中指定了三块作为内部 IP 地址（见图 5.5）。这些内部 IP 地址可以随便在局域网中使用，但是不能用在互联网中。

IP 地址是在 20 世纪 80 年代开始由 TCP/IP 协议使用的。不幸的是 TCP/IP 协议的设计者没有预见到这个协议会如此广泛地在全球使用。30 年后的今天，4 个字节编码的 IP 地址不久就要被使用完了。

A 类和 B 类地址占了整个 IP 地址空间的 75%，却只能分配给 16 510 个机构使用。只剩下占整个 IP 地址空间 12.5% 的 C 类地址可以留给新的网络使用。

新的 IP 版本已经开发出来，被称为 IPv6。而旧的 IP 版本被称为 IPv4。IPv6 中的

IP 地址使用 16 个字节的地址编码，将可以提供 $3.4 \times 10^{38}$ 个 IP 地址，拥有足够的地址空间迎接未来的商业需要。

由于现有的数以千万计的网络设备不支持 IPv6，所以如何平滑的从 IPv4 迁移到 IPv6 仍然是个难题。不过，在 IP 地址空间即将耗尽的压力下，人们最终会改用 IPv6 的 IP 地址描述计算机地址和网络地址。

### 5.1.2 ARP 协议

我们知道，计算机在发送一个数据之前，需要为这个数据封装报头。在报头中，最重要的数据就是地址。在数据帧的三个报头中，需要封装进目标 MAC 地址、目标 IP 地址和目标 port 地址。

计算机要发送数据，应用程序要么给出目标计算机的 IP 地址，要么给出目标计算机的计算机名或域名，否则就无法指明数据该发送给谁了。

但是，如何给出目标计算机的 MAC 地址呢？目标计算机的 MAC 地址是一个随机数，且固化在对方计算机的网卡上。事实上，应用程序在发送数据的时候，只知道目标计算机的 IP 地址，无法知道目标计算机的 MAC 地址。

ARP 协议的程序可以完成用目标计算机的 IP 地址查到它的 MAC 地址的功能。

图 5.6 表明了 ARP 获取 MAC 地址的过程。

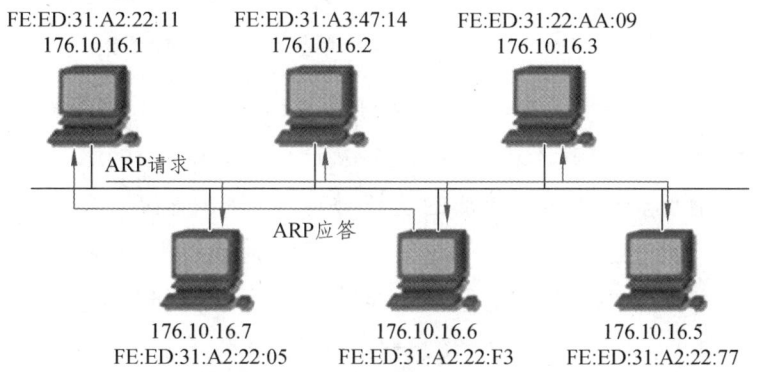

图 5.6 ARP 请求和 ARP 应答

当计算机"176.10.16.1"需要向计算机"176.10.16.6"发送数据时，它的 ARP 程序就会发出 ARP 请求广播报文，询问网络中哪台计算机的 IP 是"176.10.16.6"，并请它应答自己的查寻。

网络中的所有计算机都会收到这个查询请求广播，但是只有 IP 为"176.10.16.6"的计算机会响应这个查询请求，向源计算机发送 ARP 应答报文，把自己的 MAC 地址"FE：ED：31：A2：22：A3"传送给源计算机。于是，源计算机便得到了目标计算机的 MAC 地址。

这时，源计算机掌握了目标计算机的 IP 地址和 MAC 地址，就可以封装数据报的 IP 报头和帧报头了。

为了下次再向计算机"176.10.16.6"发送数据时不再向网络查询了，ARP 程序会将这次查询的结果保存起来。ARP 程序保存网络中其他计算机 MAC 地址的表称为 ARP 表。

当给 ARP 程序一个 IP 地址，要求它查询出这个 IP 地址对应的计算机的 MAC 地址时，ARP 程序总是先查自己的 ARP 表，如果 ARP 表中有这个 IP 对应的 MAC 地址，则能够轻松、快速地给出所要的 MAC 地址。如果 ARP 表中没有这个 IP 对应的 MAC 地址，则需要通过 ARP 广播和 ARP 应答的机制来获取对方的 MAC 地址。

下面看看图 5.7 所示的 ARP 程序是如何工作的？

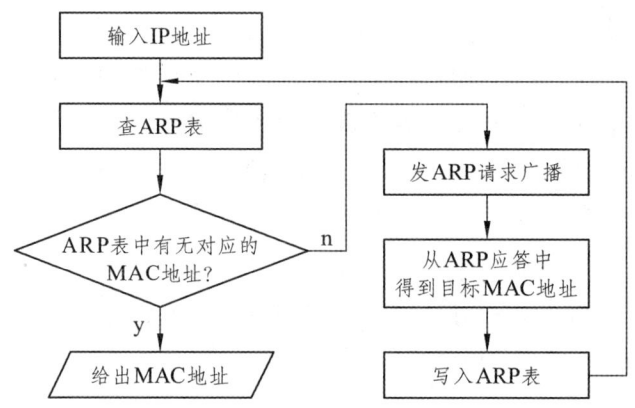

图 5.7 ARP 程序获取 MAC 地址的流程

ARP 程序在局域网中是一个非常重要的程序。没有 ARP 程序，我们就无法得到目标计算机的 MAC 地址，也就不能封装帧报头。

这种通过 IP 地址获取 MAC 地址的协议被称为 ARP 协议。从本节后，我们将逐步学习很多种协议。协议是为某个程序或某个硬件的设计做出的约定。一种协议一般要包括三项内容：程序或硬件要完成什么功能；实现这个功能的方法；实现这个功能所需要通信的数据格式。比如 ARP 协议，规定了 ARP 程序完成通过 IP 地址获得 MAC 地址的功能；规定了通过广播报查询目标计算机，并由目标计算机应答源计算机的方法；最后，ARP 协议还规定了 ARP 请求报文和 ARP 应答报文的格式。

ARP 程序在哪里？由谁编写的呢？

在计算机中的 ARP 程序是操作系统的一部分。Windows 系列、UNIX、LINUX 这样的操作系统中都有 ARP 程序。当然，Windows 系列中的 ARP 程序是微软公司的工程师们编写的。

在 Windows 系列计算机上，可以在"命令提示符"窗口用"Ipconfig/all"命令查看到本机的 MAC 地址。

### 5.1.3 IP 网络地址

IP 地址是一个层次化的地址,既能表示计算机的地址,也表明这台计算机所在网络的网络地址。

在图 5.8 中有三个 C 类地址的网络:网络"192.168.10.0",网络"192.168.11.0"和网络"192.168.12.0"。它们由路由器互联在一起,可以通过路由器交换数据。

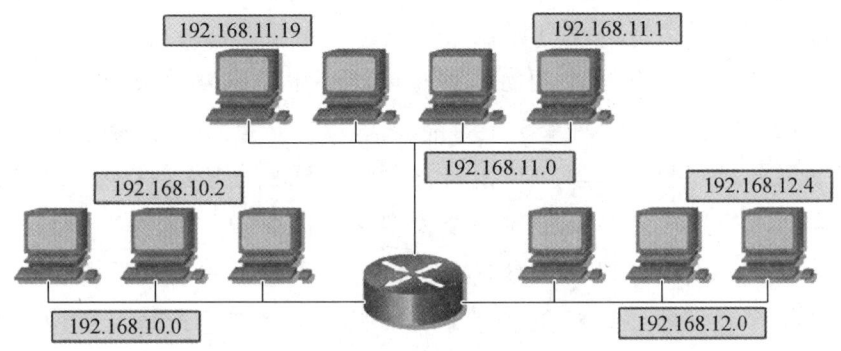

图 5.8 网络地址

从前面的学习我们知道,C 类地址的前 3 个字节是网络地址编码。网络地址的计算机地址码部分置 0。"192.168.10.0""192.168.11.0"和"192.168.12.0"这三个地址的最后一个字节都是 0,它们不表示任何计算机,表示的是一个网络的地址编码。

当计算机"192.168.10.2"需要与计算机"192.168.11.19"通信时,通过比较目标计算机 IP 地址的网络地址编码部分,它便知道对方与自己不在一个网段上。与计算机"192.168.11.19"的通信需要通过路由器转发才能到达。

每个网络都必须有自己的网络地址。事实上,我们都是先获得网络的网络 IP 地址,然后才用这个网络 IP 地址为这个网络上的各台计算机分配计算机 IP 地址的。

## 5.2 子网划分

### 5.2.1 为什么要划分子网

如果你的单位申请获得一个 B 类网络地址"172.50.0.0",你们单位的所有计算机的 IP 地址就将在这个网络地址里分配。如"172.50.0.1""172.50.0.2""172.50.0.3"……那么这个 B 类地址能为多少台计算机分配 IP 地址呢?我们看到,一个 B 类 IP 地址有两个字节用作计算机地址编码,因此可以编出 65 534($2^{16}$-2)个,即六万多个 IP 地址码。(计算 IP 地址数量的时候减 2,是因为网络地址本身"172.50.0.0"和这个网络内的广播 IP 地址"172.50.255.255"不能分配给计算机。)

我们能想象六万多台计算机在同一个网络内的情景吗？它们在同一个网段内的共享介质冲突和它们发出的类似 ARP 这样的广播会让网络根本就工作不起来。

因此，我们需要把"172.50.0.0"网络进一步划分成更小的子网，以在子网之间隔离介质访问冲突和广播报。

我们将一个大的网络进一步划分成许多小的子网的另外一个目的是网络管理和网络安全的需要。我们总是把财务部、档案部的网络与其他网络分割开来，外部进入财务部、档案部的数据通信应该受到限制。

我们假设"172.50.0.0"这个网络地址分配给了中国铁路总公司，中国铁路总公司网络中的计算机 IP 地址的前两个字节都将是"172.50"。中国铁路总公司计算中心会将自己的网络划分成郑州机务段、济南机务段、长沙机务段……中国铁路总公司的各个子网。这样的网络层次体系是任何一个大型网络需要的。

郑州机务段、济南机务段、长沙机务段等各个子网的地址是什么呢？怎么样能让计算机和路由器分清目标计算机在哪个子网中呢？这就需要给每个子网分配子网的网络 IP 地址。

通行的解决方法是将 IP 地址的计算机编码部分分出一些位用来作为子网编码。

我们可以在"172.50.0.0"地址中，将第 3 个字节挪用出来表示各个子网，而不再分配给计算机。这样，我们可以用"172.50.1.0"表示郑州机务段的子网，"172.50.2.0"分配给济南机务段作为该子网的网络地址，"172.50.3.0"分配给长沙机务段作为长沙机务段子网的网络地址。于是，"172.50.0.0"网络中有"172.50.1.0""172.50.2.0""172.50.3.0"……子网，子网分配如图 5.9 所示。

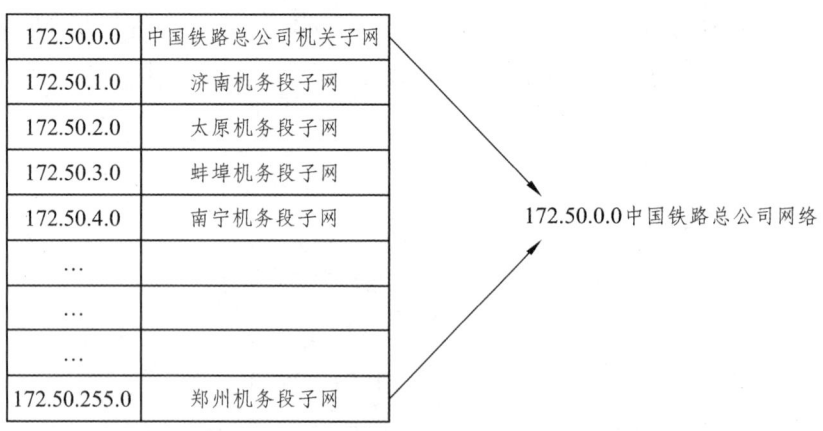

图 5.9 中国铁路总公司子网

事实上，为了解决介质访问冲突和广播风暴的技术问题，一个网段超过 200 台计算机的情况是很少的。一个好的网络规划中，每个网段的计算机数都不超过 80 台。

因此，划分子网是网络设计与规划中非常重要的一项工作。

## 5.2.2 子网掩码

我们为了给子网编址，就需要挪用计算机 IP 地址编码的编码位。

我们来看下面的例子。

一小型企业分得了一个 C 类地址"202.33.150.0"，准备根据市场部、生产部、车间、财务部分成 4 个子网。现在需要从最后一台计算机地址码字节中借用 2 比特位（$2^2 = 4$）来为这 4 个子网编址。子网编址的结果如下。

- 市场部子网地址：202.33.150.00000000==202.33.150.0；
- 生产部子网地址：202.33.150.01000000==202.33.150.64；
- 车间子网地址：202.33.150.10000000==202.33.150.128；
- 财务部子网地址：202.33.150.11000000==202.33.150.192。

在上面的表示中，我们用下划线来表示我们从计算机比特位挪用的比特位。下划线明确地表现出我们所挪用的两个比特位。

现在，根据上面的设计，我们把"202.33.150.0""202.33.150.64""202.33.150.128"和"202.33.150.192"定为 4 个部门的子网地址，而不是计算机 IP 地址。可是，别人怎么知道它们不是普通的计算机地址呢？

我们需要设计一种辅助编码，用这个编码来告诉别人子网地址是什么。这个编码就是掩码。一个子网的掩码是这样编排的：用 4 个字节的点分二进制数来表示时，其网络地址部分全置为 1，它的计算机地址部分全置为 0。如上例的子网掩码为：11111111.11111111.11111111.11000000。

我们通过子网掩码，就可以知道网络地址位是 26 比特位，而计算机地址的位数是 6 比特位。

子网掩码在发布时并不是用点分二进制数来表示的，而是将点分二进制数表示的子网掩码翻译成与 IP 地址一样的用 4 个点分十进制数来表示。前面的子网掩码在发布时记作：255.255.255.192。

下面我们描述二进制转换为十进制的方法。

二进制"11000000"转换为十进制数为 192。二进制数转换为十进制数的简便方法是把 8 位的二进制数分为高 4 位和低 4 位两部分。我们用高 4 位的十进制值乘以 16，然后加上低 4 位的十进制值。

下面是二进制转换十进制的步骤。

① 二进制"11000000"拆成高 4 位和低 4 位两部分："1100"和"0000"。

我们记住：

- 二进制"1000"对应十进制数 8；
- 二进制"0100"对应十进制数 4；
- 二进制"0010"对应十进制数 2；
- 二进制"0001"对应十进制数 1。

② 二进制高 4 位 "1100" 转换为十进制数为 "8+4=12"，低 4 位转换为十进制数为 0。最后，二进制 "11000000" 转换为十进制数为 "12×16+0=192"。

子网掩码通常和 IP 地址一起使用，用来说明 IP 地址所在的子网的网络地址。

图 5.10 显示 Windows 2000 计算机的 IP 地址配置情况。图中的计算机配置的 IP 地址和子网掩码分别是 "211.68.38.155" 和 "255.255.255.128"。子网掩码 "255.255.255.128" 说明 "211.68.38.155" 这台计算机所属的子网的网络地址。

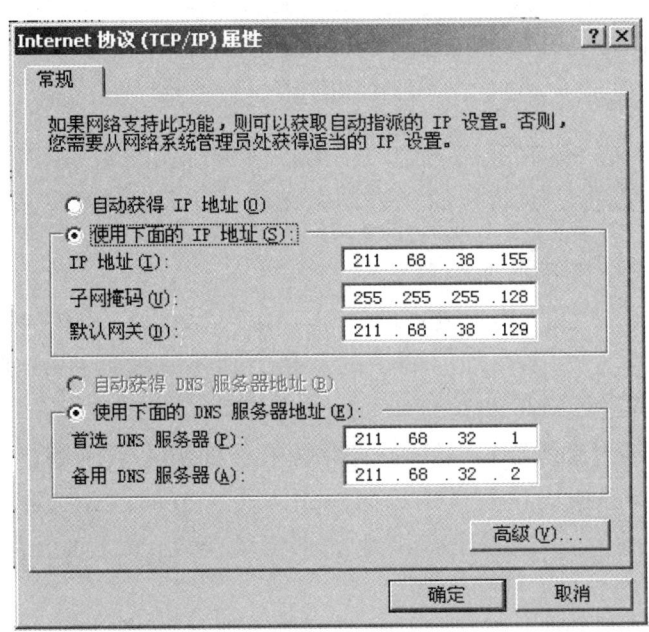

图 5.10　子网掩码的使用

我们不能通过子网掩码 "255.255.255.128" 直接看出 "211.68.38.155" 该在哪个子网上，需要通过"逻辑与"计算来获得 "211.68.38.155" 所属子网的网络地址。

211.68.38.155（十进制 IP 地址）
11010011.0100100.00100110.10011011（二进制 IP 地址）
255.255.255.128（十进制子网掩码）
and（IP 地址与子网掩码二进制数按位"与"运算）
11111111.11111111.11111111.10000000（二进制子网掩码）
11010011.0100100.00100110.10000000（IP 地址和子网掩码按位"与"运算后的二进制数）
= 211.68.38.128（十进制子网地址）

因此，我们计算出 "211.68.38.155" 这台计算机在 "211.68.38.0" 网络的 "211.68.38.128" 子网上。

我们下面讲解十进制数转换为二进制数的简便方法。

① 用十进制除以 16，商是二进制数的高 4 位，余数是低 4 位。

② 由①的方法进行计算,例如 211 转换为二进制数,先用 211 除 16,商是 13,余数是 3。

③ 由②得到二进制数的高 4 位是"1101"(13),低 4 位是"0011"(3)。

④ 十进制 211 转换为二进制数的结果就是:11010011。

如果我们不知道子网掩码,只看 IP 地址"211.68.38.155",我们就只能知道它在"211.68.38.0"网络上,而不知道在哪个子网上。

我们在计算子网掩码的时候,经常要进行二进制数与十进制数之间的转换。我们可以借助 Windows 的计算器来轻松完成转换,但是要用"查看"菜单把计算器设置为"科学型"(Windows 的计算器默认设置是"标准型")。在十进制数转换为二进制数的时候,先选择"十进制"数值系统前面的小圆点,输入十进制数,然后点"二进制"数值系统前面的小圆点就得到转换的二进制数结果了。反之亦然,如图 5.11 所示。

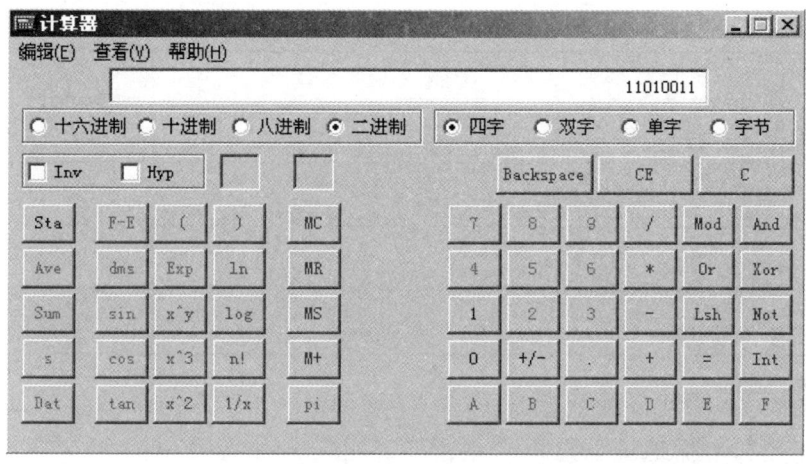

图 5.11 使用计算器进行二进制数与十进制数之间的转换

子网掩码在下一章要讨论的路由器设备上非常重要。路由器要从数据报的 IP 报头中取出目标 IP 地址,用子网掩码和目标 IP 地址进行"与"操作,进而得到目标 IP 地址所在的网络的网络地址。路由器是根据目标网络地址来工作的。

### 5.2.3 子网中的地址分配

我们回顾一下 5.2.2 中例子,以展开本节的讨论。5.2.2 中例子的各个部门子网的编址如下。

- 市场部子网地址:202.33.150.0;
- 生产部子网地址:202.33.150.64;
- 车间子网地址:202.33.150.128;
- 财务部子网地址:202.33.150.192。

下面,我们为市场部的计算机分配 IP 地址。

市场部的网络地址是"202.33.150.0",第一台计算机的 IP 地址就可以分配为"202.33.150.1",第二台计算机分配"202.33.150.2",依此类推。最后一个 IP 地址是"202.33.150.62",而不是"202.33.150.63"。原因为"202.33.150.63"是"202.33.150.0"子网的广播地址。

根据广播地址的定义:IP 地址计算机位全置为 1 的地址是这个 IP 地址所在网络上的广播地址。"202.33.150.0"子网内的广播地址就是其计算机位全置为 1 的地址。

计算"202.33.150.0"子网内广播地址的方法如下。

把"202.33.150.0"转换为二进制数"202.33.150.00000000",再将后 6 位计算机编码位全置为 1:"202.33.150.00111111",最后再转换回十进制数"202.33.150.63"。因此得知"202.33.150.63"是"202.33.150.0"子网内的广播地址。

同样方法可以计算出各个子网中计算机的地址分配方案(见表 5.1)。

表 5.1  各部门计算机 IP 地址及部门广播地址

| 部　　门 | 子网地址 | 地址分配 | 广播地址 |
| --- | --- | --- | --- |
| 市场部子网 | 202.33.150.0 | 202.33.150.1 到 202.33.150.62 | 202.33.150.63 |
| 生产部子网 | 202.33.150.64 | 202.33.150.65 到 202.33.150.126 | 202.33.150.127 |
| 车间子网 | 202.33.150.128 | 202.33.150.129 到 202.33.150.190 | 202.33.150.191 |
| 财务部子网 | 202.33.150.192 | 202.33.150.193 到 202.33.150.254 | 202.33.150.255 |

每个子网的 IP 地址分配数量是 62($2^6-2=62$)个。IP 地址数量减 2 的原因是需要减去网络地址和广播地址。这两个地址是不能分配给计算机的。

所有子网的掩码是"255.255.255.192"。各台计算机在配置自己的 IP 地址的时候,要连同子网掩码"255.255.255.192"一起配置。

### 5.2.4  IP 地址设计

企业或者机关从网络服务商 ISP 那里申请的 IP 地址是网络地址,如"179.130.0.0",企业或机关的网络管理员需要在这个网络地址上为本单位的计算机分配 IP 地址。在分配 IP 地址之前,首先需要根据本单位的行政关系、网络拓扑结构划分子网,为每个子网分配子网地址。然后才能在子网地址的基础上为每个子网中的计算机分配 IP 地址。

我们从 ISP 那里申请得到的网络地址也称为主网地址,这是一个没有挪用计算机位的网络地址。单位自己划分出的子网地址需要挪用主网地址中的计算机位来为各个子网编址。网络地址或主网地址不用掩码也可以计算出来,只需要看出它是哪一类 IP 地址。A 类主网地址是"×××.0.0.0",B 类主网地址是"×××.×××.0.0",C 类主网地址是"×××.×××.×××.0"。

下面我们从一个例子来学习完整的 IP 地址规划设计。

假设某单位申请得到一个 C 类地址"200.210.95.0",需要划分出 6 个子网。我们需要为这 6 个子网分配子网地址,然后计算出本单位子网的子网掩码、各个子网中 IP 地址的分配范围、可用 IP 地址数量和广播地址。

① 步骤 1:计算需要挪用的计算机位的位数。

有多少计算机位需要试算。借 1 位计算机位可以分配出 2($2^1$=2)个子网地址;借 2 位计算机位可以分配出 4($2^2$=4)个子网地址;借 3 位计算机位可以分配出 8($2^3$=8)个子网地址。因此我们决定挪用 3 位计算机位作为子网地址的编码。

② 步骤 2:用二进制数为各个子网编码。

- 子网 1 的地址编码:200.210.95.<u>000</u>00000;
- 子网 2 的地址编码:200.210.95.<u>001</u>00000;
- 子网 3 的地址编码:200.210.95.<u>010</u>00000;
- 子网 4 的地址编码:200.210.95.<u>011</u>00000;
- 子网 5 的地址编码:200.210.95.<u>100</u>00000;
- 子网 6 的地址编码:200.210.95.<u>101</u>00000。

③ 步骤 3:将二进制数的子网地址编码转换为十进制数表示,成为能发布的子网地址。

- 子网 1 的子网地址:200.210.95.0;
- 子网 2 的子网地址:200.210.95.32;
- 子网 3 的子网地址:200.210.95.64;
- 子网 4 的子网地址:200.210.95.96;
- 子网 5 的子网地址:200.210.95.128;
- 子网 6 的子网地址:200.210.95.160。

④ 步骤 4:计算出子网掩码。

我们先计算出二进制的子网掩码。

子网掩码的二进制:11111111.11111111.11111111.<u>111</u>00000。(带下划线的位是挪用的计算机位)

我们将二进制转换为十进制表示,成为对外发布的子网掩码:255.255.255.224。

⑤ 步骤 5:计算出各个子网的广播 IP 地址。

我们先计算出二进制的子网广播地址,然后转换为十进制。

- 子网 1 的广播 IP 地址:200.210.95.<u>000</u>11111 / 200.210.95.31;
- 子网 2 的广播 IP 地址:200.210.95.<u>001</u>11111 / 200.210.95.63;
- 子网 3 的广播 IP 地址:200.210.95.<u>010</u>11111 / 200.210.95.95;
- 子网 4 的广播 IP 地址:200.210.95.<u>011</u>11111 / 200.210.95.127;
- 子网 5 的广播 IP 地址:200.210.95.<u>100</u>11111 / 200.210.95.159;
- 子网 6 的广播 IP 地址:200.210.95.<u>101</u>11111 / 200.210.95.191。

实际上，我们简单地用下一个子网地址减 1，就得到本子网的广播地址。我们列出二进制的计算过程是为了让读者更好地理解广播地址是如何被编码的。

⑥ 步骤 6：列出各个子网的 IP 地址范围。
- 子网 1 的 IP 地址分配范围："200.210.95.1"至"200.210.95.30"；
- 子网 2 的 IP 地址分配范围："200.210.95.33"至"200.210.95.62"；
- 子网 3 的 IP 地址分配范围："200.210.95.65"至"200.210.95.94"；
- 子网 4 的 IP 地址分配范围："200.210.95.97"至"200.210.95.126"；
- 子网 5 的 IP 地址分配范围："200.210.95.129"至"200.210.95.158"；
- 子网 6 的 IP 地址分配范围："200.210.95.161"至"200.210.95.190"。

⑦ 步骤 7：计算出每个子网中的 IP 地址数量。

被挪用后计算机位的位数为 5，能够为计算机编址的数量为 30（$2^5-2=30$）。（减 2 的目的是去掉子网地址和子网广播地址）

我们划分子网会损失计算机 IP 地址的数量。这是因为我们需要拿出一部分地址来表示子网地址、子网广播地址。另外，连接各个子网的路由器的每个接口也需要额外的 IP 地址开销。但是，为了网络的性能和管理的需要，我们不得不损失这些 IP 地址。

以前，子网地址编码中是不允许使用全 0 和全 1 的。如上例中的第一个子网不能使用"200.210.95.0"这个地址，因为担心分不清这是主网地址还是子网地址。但是近年来，人们为了节省 IP 地址，允许全 0 和全 1 的子网地址编码。（注意，计算机地址编码仍然无法使用全 0 和全 1 的编址，全 0 和全 1 的编址被用于本子网的子网地址和广播地址了。）

读者在实际工作中可以建立如表 5.2 和表 5.3 相同的表格，以便快速进行 IP 地址规划设计。

表 5.2　B 类地址的子网划分

| 划分的子网数量 | 网络地址位数/挪用计算机位数 | 子网掩码 | 每个子网中可分配的 IP 地址数 |
|---|---|---|---|
| 2 | 17/1 | 255.255.128.0 | 32766 |
| 4 | 18/2 | 255.255.192.0 | 16382 |
| 8 | 19/3 | 255.255.224.0 | 8190 |
| 16 | 20/4 | 255.255.240.0 | 4094 |
| 32 | 21/5 | 255.255.248.0 | 2046 |
| 64 | 22/6 | 255.255.252.0 | 1022 |
| 128 | 23/7 | 255.255.254.0 | 510 |
| 256 | 24/8 | 255.255.255.0 | 254 |
| 512 | 25/9 | 255.255.255.128 | 126 |
| 1024 | 26/10 | 255.255.255.192 | 62 |
| 2048 | 27/11 | 255.255.255.224 | 30 |

表 5.3　C 类地址的子网划分

| 划分的子网数量 | 网络地址位数/挪用计算机位数 | 子网掩码 | 每个子网中可分配的 IP 地址数 |
|---|---|---|---|
| 2 | 25/1 | 255.255.255.128 | 126 |
| 4 | 26/2 | 255.255.255.192 | 62 |
| 8 | 27/3 | 255.255.255.224 | 30 |
| 16 | 28/4 | 255.255.255.240 | 14 |

我们在有网段划分的企业、单位的网络中，就会遇到对网络 IP 地址的规划设计。规划设计的核心是从 IP 地址的计算机编码位处借位来为子网进行编码。我们学会并理解本节介绍的方法，就会很容易对任何网络类型进行子网划分并创建子网。

## 5.3　动态 IP 地址分配

每一台计算机都需要配置 IP 地址。动态分配 IP 地址是指计算机不用事先配置好 IP 地址，在其启动的时候由网络中的一台 IP 地址分配服务器负责为它分配 IP 地址。当这台计算机关闭后，地址分配服务器将收回为其分配的 IP 地址。

有三个动态分配 IP 地址的协议：RARP、BOOTP 和 DHCP，它们的工作原理基本相同。我们以 DHCP 的工作原理来解释动态 IP 地址分配的过程，如图 5.12 所示。

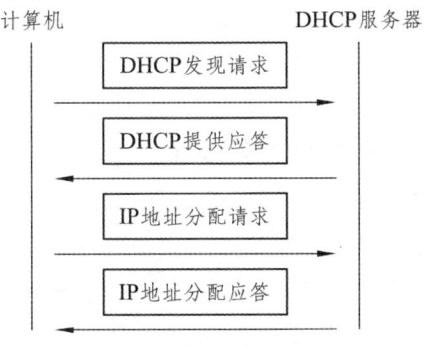

图 5.12　动态 IP 地址分配的过程

一台计算机开机后如果发现自己没有配置 IP 地址，就将启动自己的 DHCP 程序，以动态获得 IP 地址。DHCP 程序首先向网络中发"DHCP 发现请求"广播包，寻找网络中的 DHCP 服务器。DHCP 服务器收听到这个请求后，将向请求计算机发应答包（单播）。请求计算机这时就可以向 DHCP 服务器发送"IP 地址分配请求"。最后，DHCP 服务器就可以在自己的 IP 地址池中取出一个 IP 地址，分配给请求计算机。

## 5.4 域名系统 DNS

我们用 IP 地址来表示一台计算机的地址，其点分十进制数不易记忆。由于没有任何可以联想的东西，即使记住后也很容易遗忘。Internet 上开发了一套计算机命名方案称为域名服务 DNS（Domain Name Service），可以为每台计算机起一个域名，用一串字符、数字和点号组成，DNS 用来将这个域名翻译成相应的 IP 地址。例如贵州职业技术学院 WWW 服务器的域名 www.gzvti.com（GZVTI 是贵州职业技术学院的英文缩写），通过 DNS 解析出这台服务器的 IP 地址是"61.159.130.91"。有了域名，计算机的地址就很容易记住和被人访问。

网络寻址是依靠 IP 地址、物理地址和端口地址完成的。所以，为了把数据传送到目标计算机，域名需要被翻译成为 IP 地址供发送计算机封装在数据报的报头中。负责将域名翻译成为 IP 地址的是域名服务器。为此我们需要在类似图 5.10 的计算机界面上设置为自己服务的 DNS 服务器的 IP 地址。

我们需要注意的是，域名是某台计算机的名字。我们知道 www.gzvti.com 是贵州职业技术学院的域名，也应理解它只是贵州职业技术学院中某台计算机的名字。

### 5.4.1 域名的结构

国际上，规定域名是一个有层次的计算机地址名，层次由"."来划分。越在域名后面的部分，所在的层次越高。"www.gzvti.com"这个域名中的"com"代表实体，"gzvti"则表示贵州职业技术学院，"www"表示贵州职业技术学院"gzvti.com"计算机中的 WWW 服务器。

域名的层次化不仅能使域名表现出更多的信息，而且是为了 DNS 域名解析带来方便。域名解析是依靠一种庞大的数据库完成的。数据库中存放了大量域名与 IP 地址的对应记录。DNS 域名解析本来就是网络为了方便使用而增加的负担，需要高速完成。层次化可以为数据库在大规模的数据检索中加快检索速度。

在域名的层次结构中，每一个层次被称为一个域。cn 是国家和地区域，edu 是机构域。两个域是遵循一种通用的命名。

我们常见的国家和地区域名有：cn（中国）；us（美国）；uk（英国）；jp（日本）；hk（香港）；tw（台湾）。

我们常见的机构域名有以下几种。

- com：商业实体域名。

这个域下的一般都是企业、公司类型的机构。这个域的域名数量最多，而且还在不断增加，导致这个域中的域名缺乏层次，造成 DNS 服务器在这个域技术上的大负荷，以及对这个域管理上的困难。有人考虑把 com 域进一步划分出子域，使以后新的商业域名注册在这些子域中。

- edu：教育机构域名。

这个域名是给大学、学院、中小学校、教育服务机构、教育协会的域。最近，这个域只给 4 年制以上的大学、学院，2 年制的学院、中小学校不再注册新的 edu 域名了。

- net：网络服务域名。

这个域名提供给网络提供商的机器、网络管理计算机和网络上的节点计算机。

- org：非赢利机构域名。
- mil：军事用户。
- gov：政府机构域名。

不带国家域名的 gov 域被美国把持，只提供美国联邦政府的机构和办事处。

不带国家域名层的域名被称为顶级域名。顶级域名需要在美国注册。

域名的层次结构如图 5.13 所示。

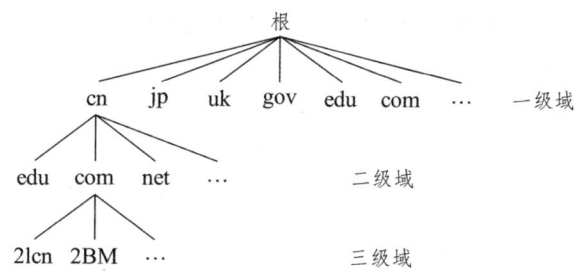

图 5.13 域名的层次结构

### 5.4.2 DNS 服务原理

计算机中的应用程序在通信时，把数据交给 TCP 程序。同时还需要把目标端口地址、源端口地址和目标计算机的 IP 地址交给 TCP。目标端口地址和源端口地址供 TCP 程序封装 TCP 报头使用，目标计算机的 IP 地址由 TCP 程序转交给 IP，供 IP 程序封装 IP 报头使用。

如果应用程序拿到的是目标计算机的域名而不是它的 IP 地址，就需要调用 TCP/IP 协议中应用层的 DNS 程序将目标计算机的域名解析为它的 IP 地址。

一台计算机为了支持域名解析，就需要在配置中指明为自己服务的 DNS 服务器。如图 5.14 所示，计算机 A 为了解析一个域名，把待解析的域名发送给自己 IP 配置指明的 DNS 服务器。一般都是指向一个本地的 DNS 服务器。本地 DNS 服务器收到待解析的域名后，便查询自己的 DNS 解析数据库，将该域名对应的 IP 地址查到后，发还给 A 计算机。

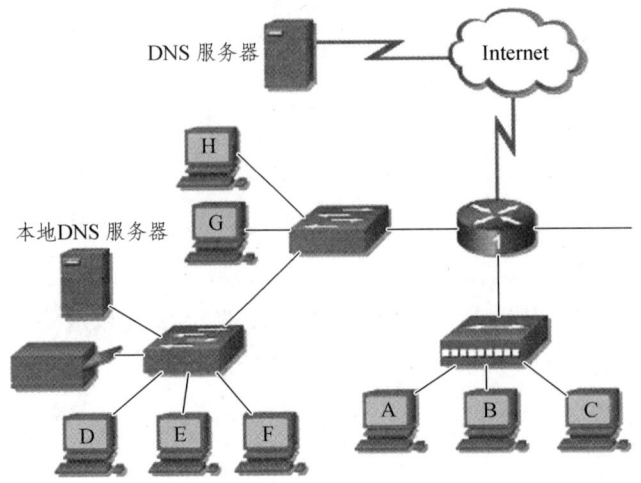

图 5.14 DNS 的工作原理

如果本地 DNS 服务器的数据库中无法找到待解析域名的 IP 地址，则将此解析交给上级 DNS 服务器，直到查到需要寻找的 IP 地址。

本地 DNS 服务器中的域名数据库可以从上级 DNS 提供处下载，并得到上级 DNS 服务器的一种称为"区域传输（Zone Transfer）"的维护。本地 DNS 服务器可以添加上本地化的域名解析。

# 第 6 章　网段（子网）分割

在第 3 章我们讨论了如何购买一台集线器或交换机来搭建一个简单的网络。现在，把这些简单的网络连接起来，就构成了具有一定规模的局域网。反过来，一个局域网也被分解为多个简单的网段（也就是子网），然后连接成一个完整的网络。

将一个局域网分解为多个简单网段的目的有以下几种原因：

- 延伸网络距离；
- 分解网络负荷；
- 隔离广播；
- 实现网络安全策略。

完成上述连接的网络设备有：中继器、交换机和路由器。早期的网络中还使用一种称为网桥的设备。但是网桥的所有功能目前的交换机都能够完成，且交换机的功能更全面、更灵活，所以网桥这个网络设备已经逐渐退出了网络。

图 6.1 展示了不同网段组成的局域网。

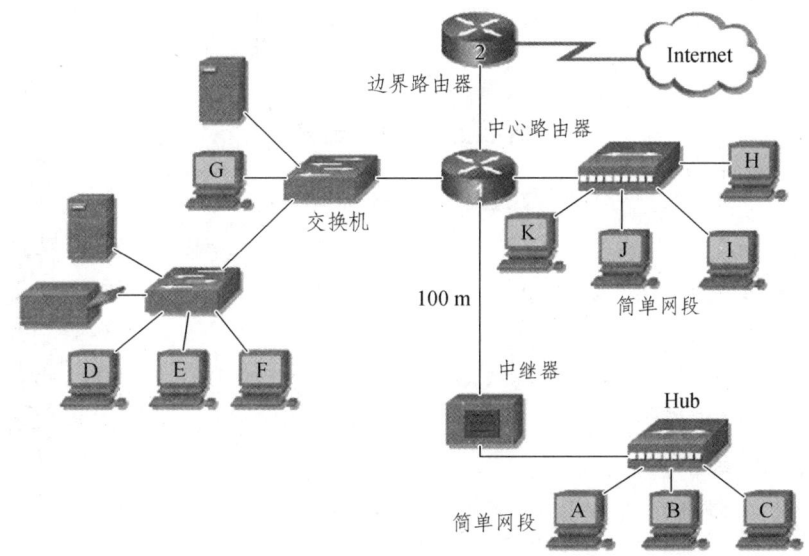

图 6.1　简单网段互连成为局域网

## 6.1　中继器

由于所有传输介质（电缆、光纤、无线介质）都有衰减特性，数据信号会因衰减而无法在接收端恢复，因而限制了网络节点之间的传输距离。中继器接收从一个网段传来的信号，重新生成信号，再发送到另外一个网段，使其在另外一个网段中的传输保证信号的完整性。这样的接力式传输，延长了网络距离。

从 OSI 模型来看，中继器是物理层设备，因为它并不分析接收到的数据包的地址，也不对数据包进行校验，它只是简单地再生信号，并把信号转发到另外一个网段。

UTP 电缆和 STP 电缆依据规范不超过 100 m。如果需要连接更远距离的网段时，就需要中继器来连接（见图 6.1）。光纤能够传输的距离很远，单模光纤甚至一次可以传输超过 10 km 而保证光信号的完好。但是更远的传输距离也需要有光中继器进行信号的再生。WLAN 中的无线介质数据传输，由于空中无线电管理对发射功率的限定，无线网卡和无线 Hub 的传输距离都不超过 200 m。因此 WLAN 也使用中继器来连接超过规定距离的网段。

图 6.2 是无线中继器的使用例子。

**图 6.2　微波中继器**

我们回忆第 3 章讨论的集线器 Hub 的工作原理，它收到一个数据帧后就向所有的其他端口转发。这与中继器收到一帧数据报后向另外一个端口转发的功能和工作原理完全相同，只是 Hub 转发的端口更多一些。所以很多教科书把集线器 Hub 称为多口中继器（Multiport Repeater）。

由于 UTP 电缆的集线器价格直线下降（一个 4 口的 Hub 只需要一百元左右），在网络需要延长 UTP 电缆距离的场合，人们不再使用中继器，而使用集线器。UTP 电缆中继器在市场上已经消失。

中继器和集线器都是工作在物理层的设备。

## 6.2　冲突域的分割

用集线器连接的网络，当一台计算机发送数据时，集线器会把数据报向所有端口转发。这时其他计算机的通信就需要等待，浪费了网络的带宽。网络教科书把一组处于同一共享、争用的网络区域，称为冲突域。冲突域是指计算机同时使用传输介质和交换设备会发生冲突的区域。

早期的网络使用一种桥的设备来把大的冲突域分割成为较小的冲突域。图 6.3 中的网桥监听两侧网段中的数据报。如果发现有需要跨越网段的数据报，就转发到另外的网段上。换句话说，一个网段内部的通信，由于网桥的隔离作用，不会与另外一个网段的通信发生冲突。因此，网桥是一个分割冲突域以改善网络性能的设备。

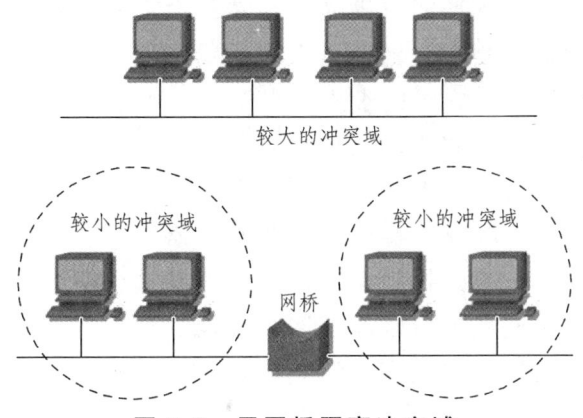

图 6.3　用网桥隔离冲突域

交换机的出现和其价格的不断下降，使它成为替代网桥来切割冲突域的设备，并使网桥退出并消失。

交换机不是像集线器那样把待转发的数据报向所有其他端口转发，而是只向目标计算机所在的端口转发。这样，交换机在为一对计算机通信的时候，其他计算机之间仍然可以通信，完全没有了介质访问冲突。

交换机避免了一对计算机的通信会影响其他计算机的通信，完成了网桥所完成的隔离介质访问冲突功能。而且，交换机不是把网络分成两三个网段，而是一对计算机动态分成一个网段。所以人们也称交换机是一个微分段的网桥。

在第 3 章我们已经讨论过交换机的工作原理，它通过分析数据报头中的 MAC 地址，通过查交换表确定该数据报该向哪个端口转发。因为它要分析 OSI 模型中的链路层地址并完成链路层的工作（如校验数据报），所以我们称交换机是一种链路层的网络设备，它工作在链路层。

交换机成功地隔离了网络中计算机通信的介质访问冲突，分割了冲突域，有效地提高了网络的性能，如图 6.4 所示。

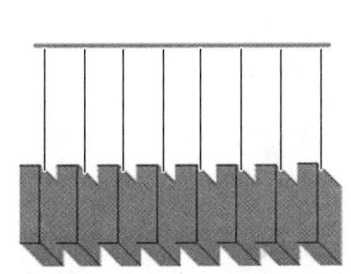
Hub同时只能有一路通信

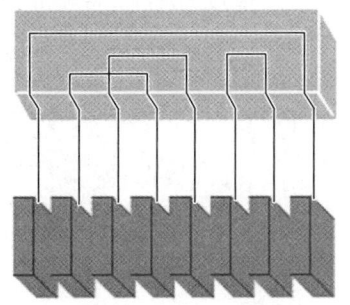
交换机同时提供多条链路

图 6.4　交换机分割冲突域

## 6.3 广播域的分割

网络中存在着大量广播报文。广播报文需要播送到网络的所有链路,以使可能需要收听广播的计算机都能收到广播。即使有些链路没有需要接收某个广播,集线器、中继器、交换机也会把广播报文包转发过去,浪费了网络带宽。同时,一个与某广播无关的计算机,也需要花费 CPU 时间来阅读广播报文才能知道该报文是否与自己有关。

如果一组计算机可以互相收听到其他计算机的广播,我们称这组计算机处于同一广播域中。

一个有大量计算机的广播域,会严重地降低网络性能。对于一个大型网络,如果把所有计算机连接在一起,其广播报文包甚至会淹没整个网络。因此,需要把一个大的局域网分割成更小的一些广播域来改善网络性能。

集线器、中继器、交换机不隔离广播。路由器不转发广播报,是互联各个广播域的网络设备,如图 6.5 所示。

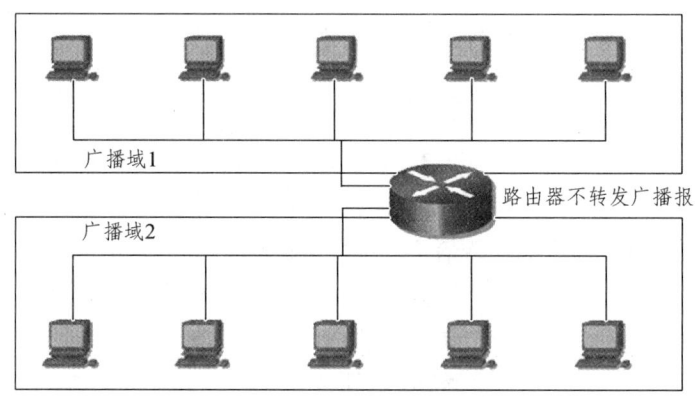

图 6.5 分割广播域

随着局域网的增长,局域网中容纳的计算机数量越来越多。每增加一个工作站或服务器,维持带宽的工作就越困难,网络的负担就越重。合理地分割冲突域和广播域,将大网络分为若干分离的子网(由路由器完成)和网段(由交换机完成),可以有效地改善网络性能,最大限度地提高带宽的利用率,获得高性能的网络。

# 第 7 章　路由技术

路由技术是网络中很酷的技术，路由器是非常重要的网络设备。路由技术被用来互连网络。网络互连有两个范畴：一个是局域网内部的各个子网之间的互连；另外一个就是通过公共网络（如电话网、DDN 专线、帧中继网、互联网）把不在一个地域的局域网远程连接起来，形成一个广域网。本章讨论局域网内部的各个子网之间的互连，广域网互连我们将在第 9 章中讨论。

一个局域网也被划分为多个子网，然后用路由器连接起来，这是最普遍的网络建设方案。路由器在这里扮演隔离广播和实现网络安全策略的角色。

## 7.1　路由器

路由器在局域网中用来互联各个子网，同时隔离广播和介质访问冲突。

正如前面所介绍的，路由器将一个大网络分成若干个子网，以保证子网内通信流量的局域性，屏蔽其他子网无关的流量，进而更有效地利用带宽。对于那些需要前往其他子网和离开整个网络前往其他网络的流量，路由器提供必要的数据转发。

### 7.1.1　路由器的工作原理

我们通过图 7.1 来解释路由器的工作原理。

图 7.1 中有三个子网，由两个路由器连接起来。三个 C 类地址子网分别是"200.4.1.0""200.4.2.0""200.4.3.0"。

从图中可以看见，路由器的各个端口也需要有 IP 地址和 MAC 地址。路由器的端口连接在哪个子网上，其 IP 地址就应属于该子网。例如路由器 A 两个端口的 IP 地址"200.4.1.1""200.4.2.53"分别属于子网"200.4.1.0"和子网"200.4.2.0"。路由器 B 的两个端口的 IP 地址"200.4.2.34""200.4.3.115"分别属于子网"200.4.2.0"和子网"200.4.3.0"。

每个路由器中有一个路由表，主要由网络地址、转发端口、下一跳路由器的 IP 地址和跳数组成。

- 网络地址：本路由器能够前往的网络；
- 端口：前往某网络该从哪个端口转发；

- 下一跳：前往某网络，下一跳的中继路由器的 IP 地址；
- 跳数：前往某网络需要穿越几个路由器。

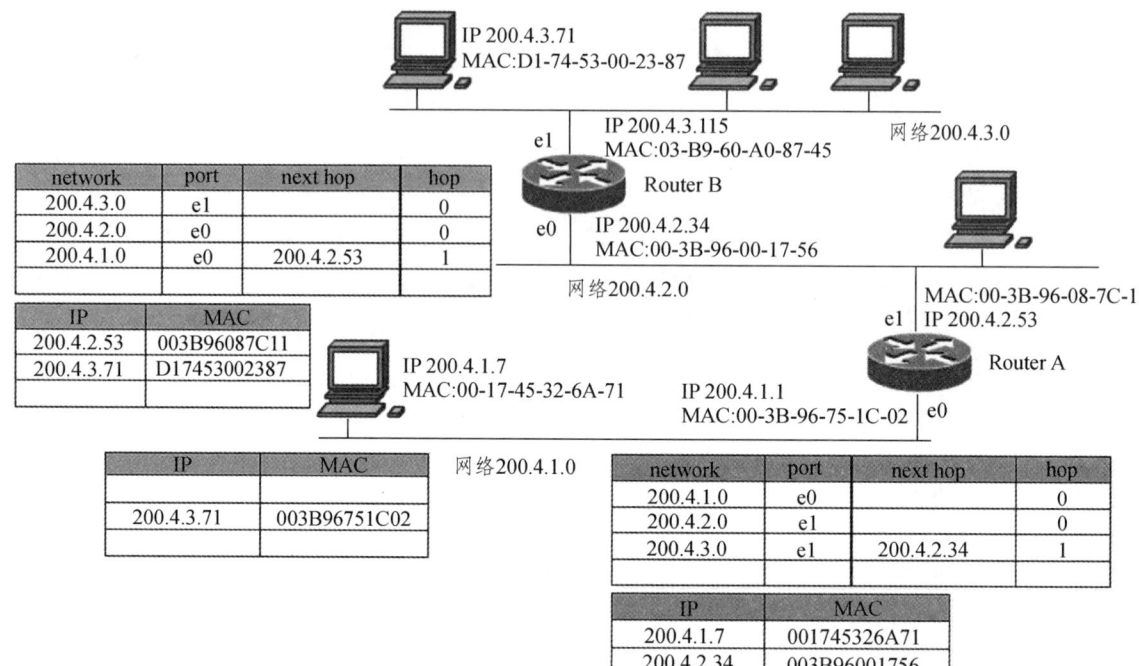

图 7.1　路由器工作原理

下面我们来看一个需要穿越路由器的数据报是如何被传输的。

如果计算机"200.4.1.7"要将报文发送到本网段上的其他计算机，源计算机通过 ARP 程序可获得目标计算机的 MAC 地址，由链路层程序为报文封装帧报头，然后发送出去。

当"200.4.1.7"计算机要把报文发向"200.4.3.0"子网上的"200.4.3.71"计算机时，源计算机在自己的 ARP 表中查不到对方的 MAC，则发 ARP 广播请求"200.4.3.71"计算机应答，以获得它的 MAC 地址。但是，这个查询"200.4.3.71"计算机 MAC 地址的广播被路由器 A 隔离了，因为路由器不转发广播报文。所以，"200.4.1.7"计算机是无法与其他子网上的计算机直接通信的。

路由器 A 会分析这条 ARP 请求广播中的目标 IP 地址。路由器 A 经过掩码运算，得到目标网络的网络地址是"200.4.3.0"。路由器查路由表，得知自己能提供到达目的网络的路由，便向源计算机发 ARP 应答。

请注意"200.4.1.7"计算机的 ARP 表中，"200.4.3.71"是与路由器 A 的 MAC 地址"00-3B-96-75-1C-02"捆绑在一起，而不是真正的目标计算机"200.4.3.71"的 MAC 地址。事实上，"200.4.1.7"计算机并不需要关心是否是真实的目标计算机的 MAC 地址，现在它只需要将报文发向路由器。

路由器 A 收到这个数据报后，将拆除帧报头，从里面的 IP 报头中取出目标 IP 地址。然后，路由器 A 将目标 IP 地址"200.4.3.71"同子网掩码"255.255.255.0"做"与"运算，得到目标网络地址是"200.4.3.0"。然后，路由器将查路由表，得知该数据报需要从自己的 e1 端口转发出去，且下一跳路由器的 IP 地址是"200.4.2.34"。

路由器 A 需要重新封装在下一个子网的新数据帧。通过 ARP 表，取得下一跳路由器"200.4.2.34"的 MAC 地址。封装好新的数据帧后，路由器 A 将数据通过 e1 端口发给路由器 B。

现在，路由器 B 收到了路由器 A 转发过来的数据帧。在路由器 B 中发生的操作与在路由器 A 中的完全一样。只是，路由器 B 通过路由表得知目标计算机与自己是直接相连的，而不需要下一跳路由了。在这里，数据报的帧报头将最终封装上目标计算机"200.4.3.71"的 MAC 地址发往目标计算机。

路由器的详细工作流程如图 7.2 所示。

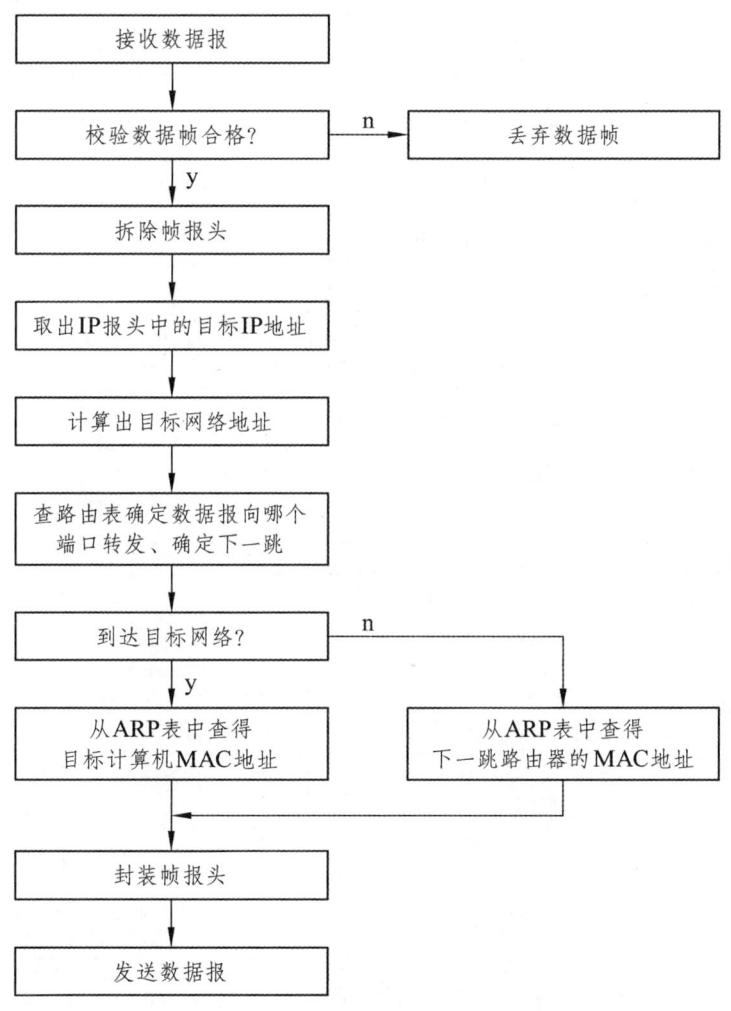

图 7.2 路由器的工作流程

通过上面的例子,我们了解了路由器是如何转发数据报,将报文转发到目标网络的。路由器使用路由表将报文转发给目标计算机,或交给下一级路由器转发。总之,发往其他网络的报文将通过路由器,传送给目标计算机。

### 7.1.2 穿越路由器的数据帧

数据报穿越路由器前往目标网络的过程中的报头变化是非常有趣的:它的帧报头每穿越一次路由器,就会被更新一次。这是因为 MAC 地址只在网段内有效,它是在网段内完成寻址功能的。为了在新的网段内完成物理地址寻址,路由器就必须重新为数据报封装新的帧报头。

在图 7.3 中,"200.4.1.7"计算机发出的数据帧,目标 MAC 地址指向"200.4.1.1"路由器,数据帧发往路由器。路由器收到这个数据帧后,会拆除这个帧的帧报头,更换成下一个网段的帧报头。新的帧报头中,目标 MAC 地址是下一跳路由器的,源 MAC 地址则换上了"200.4.1.1"路由器"200.4.2.53"端口的 MAC 地址"00-3B-96-08-7c-11"。当数据到达目标网络时,最后一个路由器发出的帧,目标 MAC 地址是最终的目标计算机的物理地址,数据被转发到了目标计算机。

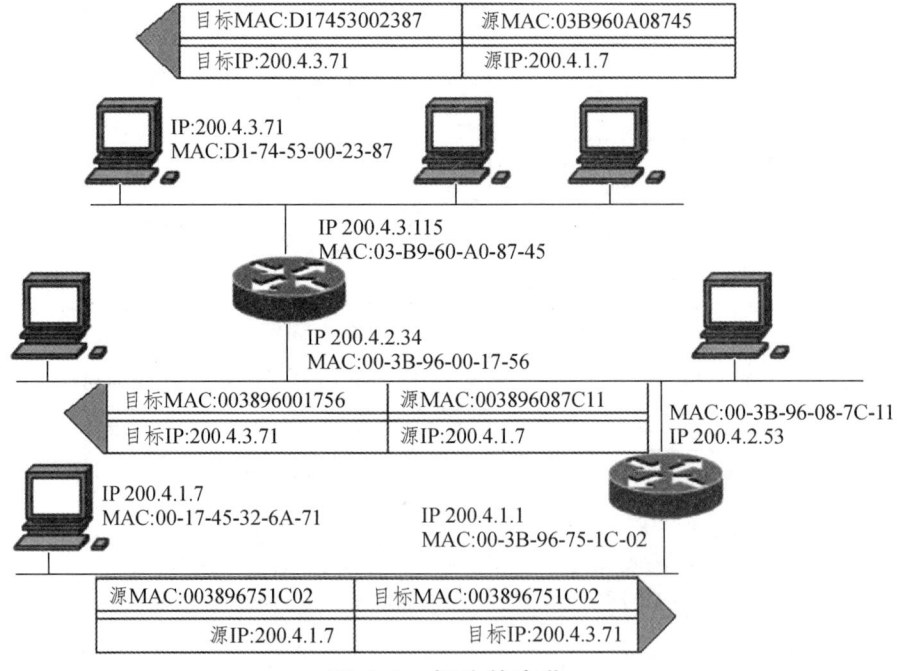

图 7.3 报头的变化

数据包在传送过程中,帧报头不断被更换,目标 MAC 地址和源 MAC 地址穿越路由器后都要改变。但是,IP 报头中的 IP 地址始终不变,目标 IP 地址永远指向目标计算机,源 IP 地址永远是源计算机。(事实上,IP 报头中的 IP 地址不能变化,否则,路由器们将失去数据报转发的方向了。)

可见，数据报在穿越路由器前往目标网络的过程中，帧报头不断改变，IP 报头保持不变。

### 7.1.3 路由器工作在网络层

路由器在接收数据报、处理数据报和转发数据报的一系列工作中，完成了 OSI 模型中物理层、链路层和网络层的所有工作。

在物理层中，路由器提供物理上的线路接口，将线路上比特数据位流移入自己接口中的接收移位寄存器，供链路层程序读取到内存中。对于转发的数据，路由器的物理层完成相反的任务，将发送移位寄存器中的数据帧以比特数据位流的形式串行发送到线路上。

路由器在链路层中完成数据的校验，为转发的数据报封装帧报头，控制内存与接收移位寄存器和发送移位寄存器之间的数据传输。在链路层中，路由器会拒绝转发广播数据报和损坏了的数据帧。

路由器的网间互连能力体现在它在网络层完成的工作。在这一层中，路由器要分析 IP 报头中的目标 IP 地址，维护自己的路由表，选择前往目标网络的最佳路径。正是由于路由器的网间互连能力集中体现在它的网络层表现，所以人们习惯称它是一个网络层设备，工作在网络层。

在图 7.4 中我们可以看见，数据报到达路由器后，数据报会经过物理层、链路层、网络层、链路层、物理层的一系列数据处理过程，体现了数据在路由器中的非线性。

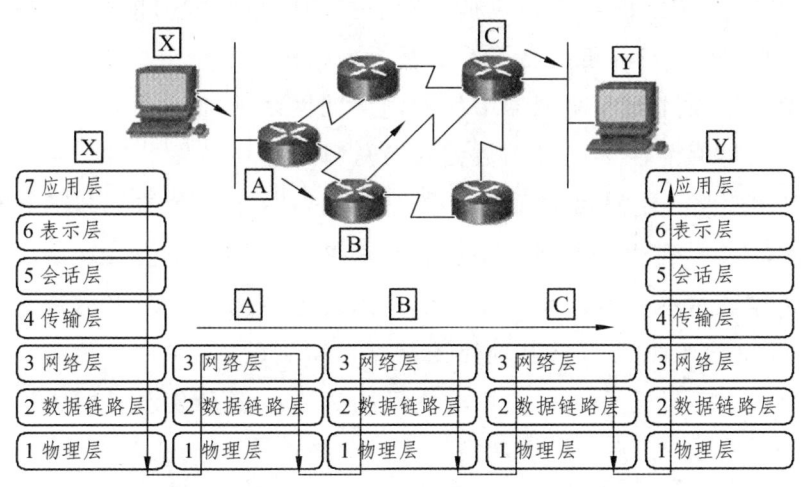

图 7.4 路由器涉及 OSI 模型最下面三层的操作

非线性与线性：非线性这个术语在厂商介绍自己的网络产品中经常见到。网络设备厂商经常声明自己的交换机、三层路由交换机能够实现线性传输，以宣传其设备在转发数据报中有最小的延迟。所谓线性状态，是指数据报在如图 7.4 所示的传输过程中,在网络设备上经历的凸起折线小到近似直线。Hub只需要在物理层再生数据信号,因此它的凸起折线最小,线性化程度最高。交换机需要分析目标 MAC 地址,并完成链路层的校验等其他功能,它的凸起折线略大。但是与路由器比较起来,仍然称它是工作在线性状态的。

路由器工作在网络层,因此它对数据传输产生了明显的延迟。

## 7.2 路由表的生成

我们看到,与交换机的工作全依靠其内部的交换表一样,路由器的工作也完全仰仗其内存中的路由表。

图 7.5 列出了路由表的结构。

| 目标网络 | 端口 | 下一跳 | 距离 | 协议 | 定时 |
|---|---|---|---|---|---|
| 160.4.1.0 | e0 | | 0 | C | |
| 160.4.1.32 | e1 | | 0 | C | |
| 160.4.1.64 | e1 | 160.4.1.34 | 1 | RIP | 00:00:12 |
| 200.12.105.0 | e1 | 160.4.1.34 | 3 | RIP | 00:00:12 |
| 178.33.0.0 | e1 | 160.4.1.34 | 12 | RIP | 00:00:12 |

图 7.5 路由表的结构

路由表主要由六个字段组成,包括能够前往的网络和如何前往那些网络。

路由表的每一行,表示路由器了解的某个网络的信息。

① 网络地址字段列出本路由器了解的网络的网络地址。

② 端口字段标明前往某网络的数据报该从哪个端口转发。

③ 下一跳字段是在本路由器无法直接到达的网络,下一跳的中继路由器的 IP 地址。

④ 距离字段表明到达某网络有多远。在 RIP 路由协议中需要穿越的路由器数量。

⑤ 协议字段表示本行路由记录是如何得到的。本例中,C 表示是手工配置,RIP 表示本行信息是通过 RIP 协议从其他路由器学习得到的。

⑥ 定时字段表示动态学习的路由项在路由表中已经多久没有刷新了。如果一个路由项长时间没有被刷新,该路由项就被认为是失效的,需要从路由表中删除。

我们注意到,前往"160.4.1.64""200.12.105.0""178.33.0.0"网络,下一跳都指向"160.4.1.34"路由器。其中"178.33.0.0"网络最远,需要 12 跳。路由表不关心下一跳路由器将沿什么路径把数据报转发到目标网络,它只要把数据报转发给下一跳路由器就完成任务了。

路由表是路由器工作的基础。路由表中的表项由两种方法获得：静态配置；动态学习。

路由表中的表项可以用手工静态配置生成。将计算机与路由器的 console 端口连接，使用计算机上的超级终端软件或路由器提供的配置软件就可以对路由器进行配置。

手工配置路由表需要大量的工作。动态学习路由表是最为行之有效的方法。一般情况下，我们都是手工配置路由表中直接连接的网段的表项，而间接连接的网络的表项使用路由器的动态学习功能来获得。

动态学习路由表的方法非常简单。每个路由器定时把自己的路由表广播给邻居，邻居之间互相交换路由表。路由器通过其他路由器的路由广播中可以了解更多、更远的网络，这些网络都将被收到自己的路由表中，只要把路由表的下一跳地址指向邻居路由器就可以了。

静态配置路由表的优缺点是：可以人为地干预网络路径选择。静态配置路由表的端口没有路由广播，节省带宽和邻居路由器 CPU 维护路由表的时间。为了对邻居屏蔽自己的网络情况时，就得使用静态配置。静态配置的最大缺点是不能动态发现新的和失效的路由。如果一条路由失效不能及时发现，数据传输就失去了可靠性，同时，无法到达目标计算机的数据报不停地发送到网络中，浪费了网络的带宽。对于一个大型网络来说，人工配置的工作量大也是静态配置的一个问题。

动态学习路由表的优缺点是：可以动态了解网络的变化。新增、失效的路由都能动态地导致路由表做相应变化。这种自适应特性是使用动态路由的重要原因。对于大型的网络，无一不采用动态学习的方式维护路由表。动态学习的缺点是路由广播会耗费网络带宽。另外，路由器的 CPU 也需要停下数据转发工作来处理路由广播，维护路由表，降低了路由器的吞吐量。

路由器中大部分路由信息是通过动态学习得到的。但是，路由器即使使用动态学习的方法，也需要静态配置直接相连的网段。不然，所有路由器都对外发布空的路由表，互相是无法学习的。

流行的支持路由器动态学习生成路由表的协议是：路由信息协议 RIP、内部网关路由协议 IGRP、开放的最短路径优先协议 OSPF。

## 7.3 静态配置路由表

路由器中的路由表可以手工配置。手工配置路由表时，将计算机与路由器的 console 端口连接，使用计算机上的超级终端软件或路由器提供的配置软件，用命令的方式把路由项逐一写入路由表。

静态配置路由表的路由器组网与计算机连接方式如图 7.6 所示。

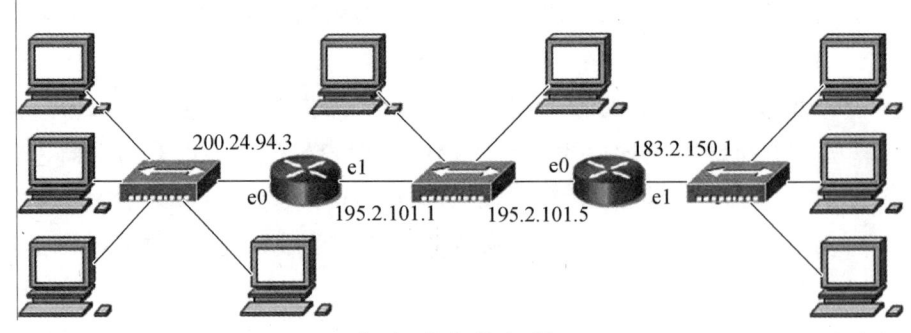

（a）路由器组网

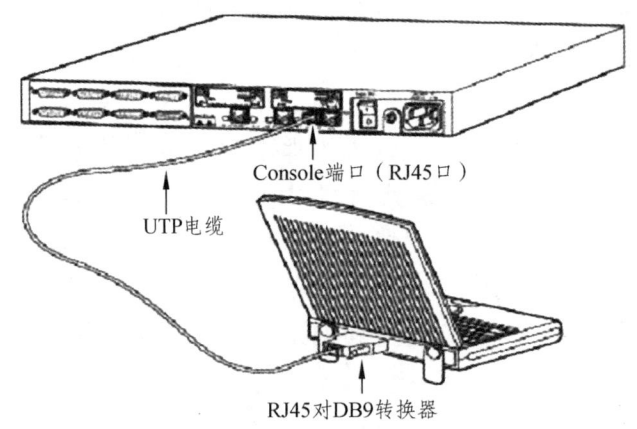

（b）计算机与路由器 Console 端口连接

图 7.6　静态配置路由表

对图 7.6 中左侧的路由器，配置路由表的命令如下。

RouterA（config）# ip route 200.24.94.0 255.255.255.0 e0

RouterA（config）# ip route 195.2.101.0 255.255.255.0 e1

RouterA（config）# ip route 183.2.0.0 255.255.0.0 195.2.101.5

上面三条命令，分别将"200.24.94.0""195.2.101.0"和"183.2.0.0"三个路由项加入到自己的路由表中。"ip route"是思科公司路由器的静态配置路由表命令，"200.24.94.0"和"255.255.255.0"分别是可到达的网络和其掩码。"e0"是该网络所接的路由器端口。第三条命令需要指出一个远程的网络，因此在命令中需要指出下一跳的路由器"195.2.101.5"。

一般情况下，直接与路由器相连的网段，在配置命令中就指出所连的端口，如第一、第二条命令中的"e0"和"e1"。对于更远的网段，则需要指出其下一跳路由器的 IP 地址。

## 7.4 路由协议

### 7.4.1 路由协议的功能

路由协议用于路由器之间互相动态学习路由表。路由器中安装的路由协议程序被用来在路由器之间通信，以共享网络路由信息。当网络中所有路由器的路由协议程序一起工作的时候，一个路由器了解的网络信息，也必然被其他全体路由器所知道。通过这样的信息交换，路由器互相学习、维护路由表，使路由表反映整个网络的状态。

路由协议程序要定时构造路由广播报文并发送出去。路由器收听到的其他路由器的路由广播也由路由协议程序分析，进而调整自己的路由表。路由协议程序的任务就是要通过路由协议规定的机制，选择出最佳路径，快速、准确地维护路由表，以使路由器有一个可靠的数据转发决策依据。

路由协议程序不仅要分析出前往目标网络的路径，当有多条路径可以到达目标网络时，应该选择出最佳的一条，放入路由表中。

路由协议程序有判断失效路由的能力。及时判断出失效的路由，可以避免把已经无法到达目的地的报文继续发向网络，浪费网络带宽。同时，还能通过 ICMP 协议通知那些期望与无法到达的网络通信的计算机。

现代路由器通常支持 3 个流行的路由协议：路由信息协议 RIP、内部网关路由协议 IGRP 和开放的最短路径优先协议 OSPF。也就是说，这些路由器中配置了三种常用的路由协议程序，至少支持 RIP 路由协议。我们可以根据需要，选择在我们的网络中使用哪种路由协议。OSPF 协议只有在互联网那样复杂的网络中使用。

路由信息协议 RIP、内部网关路由协议 IGRP、开放的最短路径优先协议 OSPF，它们的发布顺序也就是我们现在的排列顺序，RIP 协议的历史最悠久，OSPF 是新一代的路由协议。显然，新开发的路由协议一定要克服旧协议中的一些不足。一般地，最新开发的协议，具有最优的先进性。这种先进性表现在如下方面。

- 能够更准确地选择出前往具体网络的最佳路线；
- 当网络出现拓扑变化时能更快速地收敛；
- 更节省网络带宽；
- 支持变长子网掩码，以节省网络的 IP 地址；
- 耗费更少的路由器资源（节省路由协议程序工作所需要的 CPU 时间）。

目前的协议开发情况是，越新的路由协议，前四项指标更先进。但是，最后一项指标却是下降的。这也是为什么三种路由协议会并存的原因。

图 7.7 向我们展示了路由协议的功能。

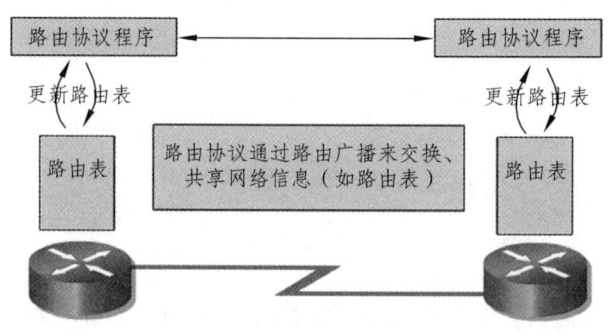

图 7.7 路由协议的功能

### 7.4.2 RIP 协议

路由信息协议 RIP 是历史最悠久的路由协议，最早由施乐公司开发，是 UNIX 一直支持的路由协议版本。由于它的实现方法简单，与其他的协议比较起来，耗费更少的路由器硬件资源（节省路由协议程序工作所需要的 CPU 时间和内存的大小），所以仍然被广泛支持。

RIP 协议的典型特征是用跳数来表示路由器与目标网络之间的距离。跳数是指从自己出发，还需要穿越多少个路由器。

RIP 协议程序在工作时，每隔 30 s 就把自己的路由表作为路由广播发给邻居路由器。同时，RIP 协议程序要接收邻居发来的路由广播，将收到的邻居的路由表与自己的路由表进行比较。根据比较的不同情况做如下处理。

（1）如果发现邻居路由表中存在自己没有的路由项，就补充到自己的路由表中。同时把邻居的 IP 地址作为前往那个网络的下一跳地址。

（2）如果发现邻居路由表中有自己的路由项，但是前往同一网络的距离更短，就用新的路由替代原有的路由。（将下一跳指向新的路由器）

其中第一条的操作能够不断增加自己路由表中的表项，以便将网络中的所有网络地址收入路由表。

第二条功能就是常说的最佳路径选择功能。由于 RIP 协议程序总是挑选跳数最少的路由器作为前往目标网络的下一跳路由器，所以保证了最佳的路由。路由器的最佳路由选择功能具体地就表现在路由表中的下一跳选择上。

RIP 协议程序不仅要发现新的路由项（前往新的网络的路由），也要有能力发现失效的路由项（前往目标网络的路径已经损坏），并从路由表中删除。为此，RIP 协议制定了如此的方法：如果一个路由器持续一段时间不能收到某个邻居的路由广播，就能确定该路由器已经不再工作，通过那个路由器前往的网络都已经不可到达，路由表中所有下一跳指向该路由器的路由项都将被删除。

RIP 协议的广播间隔是 30 s。因为有可能是路由广播报文包丢失，所以不能只有一个时间间隔没有收到邻居的路由广播就确定该邻居出现故障。RIP 协议规定的失效判断时间是连续 9 个时间间隔 180 s。

图 7.5 中路由表"协议"列中的"RIP",表明最后三行路由是通过 RIP 协议学习得到的。

当一个路由器连接的链路发生变化,这个变化就通过路由广播通报给邻居。然后邻居在它的路由广播中向更远的邻居通报。这样的信息传输像波一样会传递到网络的最远端。经过一段时间后,网络中的所有路由器都将获得这个链路变化的信息,并对自己的路由表做了相应的修改。这时,我们称所有路由器都收敛了。

为了防止循环报文包在网络中无休止地循环,RIP 协议规定数据报最多只能穿越 15 个路由器。数据报的 IP 报头中有一个 hop 计数字段,每穿越一个路由器,那个路由器就会为这个数据报的 hop 字段增 1。如果路由器发现数据报中的 hop 字段中的计数值超过 15,就会把该数据报作为非正常的循环包,并将之丢弃。

### 7.4.3 IGRP 协议

内部网关路由协议 IGRP 是一个由思科公司开发的路由协议。

IGRP 对 RIP 协议最大的差异就是对距离度量值的改进。RIP 协议使用跳数表现到达某个网络的距离。跳数越小,表明前往该网络的距离越近。但是,有时候这样的判断确定出来的路由并不是最佳的,如图 7.8 所示。

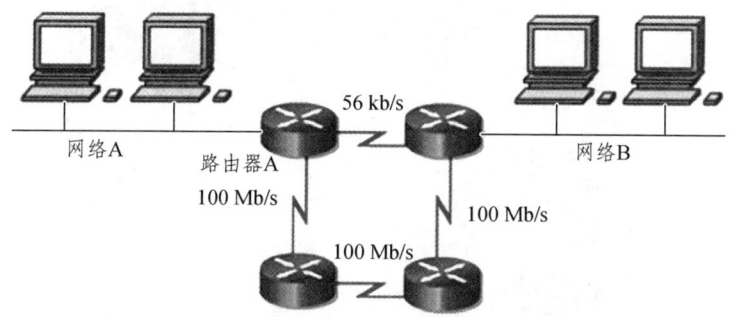

图 7.8 跳数判断往往不能确定出最佳路由

图中的路由器 A 选择前往网络 B 的路由时,如果使用 RIP 协议,会选择 56 kb/s 的线路,因为 RIP 的距离是 1 跳,而走另外的路由则需要 3 跳。但事实上最佳的路由是 100 Mb/s 的路由。所以,仅凭跳数来选择路由,有时选择不到最佳的路由。

为了改进 RIP 协议的这个缺陷,IGRP 使用更科学的距离度量值。IGRP 使用未加载路径带宽(bandwidth)、信道占用率、拓扑延迟(delay)和可靠性(reliability)四个度量值来综合计算距离。

$$距离 = [(K_1 / B_e) + (K_2 \times D_c)]r$$

式中 $K_1, K_2$——常数；

$B_e$——未加载路径带宽×（1-信道占用率）；

$D_c$——拓扑延迟；

$r$——可靠性。

根据这个算法，距离与带宽和可靠性成反比。链路的带宽越高，可靠性越强，距离越短；链路负荷越大，延迟越大，距离越远。这个结果正是我们希望得到的。

如果图 7.8 中路由器 A 选用 IGRP 协议，会选择 100 Mb/s 的链路前往网络 B，而 RIP 协议则选择的是 56 kb/s 的链路。IGRP 协议比较起 RIP 协议，能够更准确地选择到最佳的路由。

IGRP 协议衡量距离的大小要依据带宽、负荷、延迟和可靠性等 4 个参数，所以人们往往称 IGRP 的距离度量值为距离矢量。

IGRP 的路由广播内容与 RIP 协议相同，也是播放自己的路由表。只是 IGRP 每 90 s 播送一次。IGRP 确认失效路由的时间间隔是 3 个播送周期，即 270 s 如果听不到某个邻居的路由广播，就确定那个邻居已经不能正常工作了。此时，IGRP 将调整路由表，将通过那个邻居前往的网络设置为不可到达。

RIP 协议与 IGRP 协议的比较如图 7.9 所示。

| | 距离 | 最大路由器数 | 最早使用的公司 |
|---|---|---|---|
| RIP | 跳数 | 15 | 施乐 |
| IGRP | 带宽 负载 延迟 可靠性 | 255 | 思科 |

图 7.9 RIP 协议与 IGRP 协议

### 7.4.4 路由协议的分类

目前流行的路由协议分为内部路由协议 IRP 和外部路由协议 ERP。互联网被分为一个个"自治系统"，在自治系统内使用的路由协议被称为内部路由协议 IRP。自治系统之间互相连接依靠各个自治系统的边界路由器。边界路由器之间互相交换路由表的协议称为外部路由协议 ERP，如图 7.10 所示。

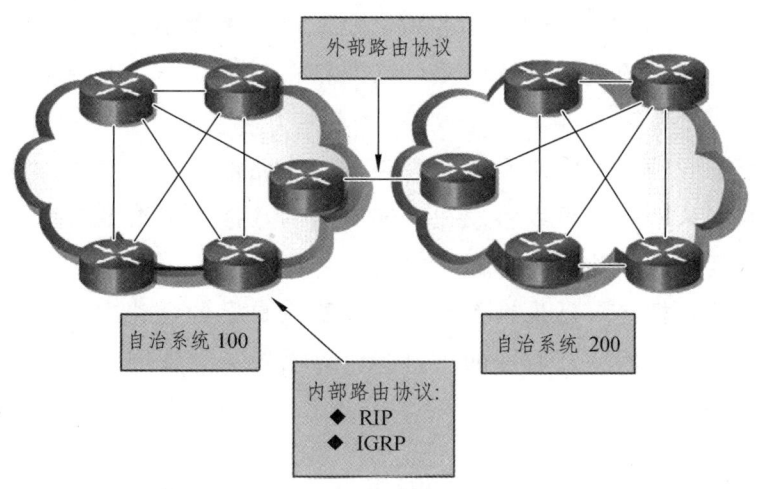

图 7.10　自治系统与路由协议的分类

（1）内部路由协议 IRP（Interior Routing Protocols）。

① 距离矢量算法（distance-vector）。

- RIP：路由信息协议；
- IGRP：内部网关路由协议；
- EIGRP：增强的 IGRP。

② 链路状态算法（Link-state）。

- NLSP：链路状态协议；
- OSPF：开放最短路径优先；
- 集成 IS-IS。

（2）外部网关协议：EGP（External Routing Protocols）。

- BGP（Bondage Gateway）：边界网关协议。

## 7.5　默认网关

以太网中的计算机如果要访问不是自己网络的其他计算机时，就需要把数据报发给路由器。由路由器负责把数据转发到目标网络。计算机把数据发送给路由器有两种方法：一种是计算机用 ARP 查询目标计算机的 ARP 请求被路由器应答，数据报被发给路由器；另外一种方法就是计算机自己指定一个路由器作为自己的默认网关。

计算机一旦设置了自己的默认网关，它在调用链路层程序之前就会主动比较自己的 IP 地址和目标 IP 地址。一旦发现目标计算机与自己不在一个网络中，它就会通知链路层程序把数据发送给默认网关。

一个与互联网相连的路由器不可能了解所有的网络地址（互联网中有数百万个网

络，如果路由器中的路由表存放所有网络的表项，这个路由器就工作不起来了）。因此，路由器也需要设置自己的上级默认网关，以便将自己未知网络的数据报发往上级默认网关。

默认网关不是一种新的网络设备，它是某一个路由器。计算机和路由器指定某个路由器为自己的默认网关，可以将发往未知网络的数据报发给默认网关。默认网关总能通过自己的上级默认网关找到目标网络的。

一台计算机总是把离自己最近的路由器设置成自己的默认网关。一个局域网中所有路由器总是把本局域网到互联网的出口路由器设置成默认网关。

# 第 8 章 建设 TCP/IP 局域网

前面六章中,我们讨论了构建一个网络系统的主要设备:传输介质、网卡、集线器、交换机、路由器和中继器。我们还讨论了控制通信所需要的协议。现在,我们将讨论如何构建局域网络。这里将涉及如何级联交换机;使用虚拟子网 VLAN 技术来高效率地划分子网;如何使用路由技术将 VLAN 连接到一起;如何将多个交换机连接到一起,对于带冗余链路的交换机网络如何避免循环数据报。最后,我们将一起讨论流行的局域网类型。

## 8.1 交换机的级联

在建设局域网中,有两种情况需要级联交换机。第一种情况是在一台交换机的端口数量不够时,需要使用更多的交换机来提供更多的交换端口。在这种情况下,为了使两台或更多台交换机能够通信,需要把它们级联起来。第二种情况是计算机节点不在一个工作区域,需要分布两个或更多的交换机来连接它们,然后再将这些交换机级联起来。

也就是说,通过使用更多的交换机,能够实现以下功能。
- 提供更多的交换机端口;
- 网络能够覆盖更大的区域。

有如下两种级联交换机的方法。
- 使用普通的交换端口;
- 使用专用的堆叠端口。

### 8.1.1 交换机的干线级联技术

图 8.1 是使用普通的交换端口实现级联的例子。

在交换机级联中,级联的线路往往承担更大的数据流量,因此常称级联线路为干线 trunck。通常可以使用更多的交换机端口来实现级联,以使干线具有更高的传输带宽。在图 8.1 中,我们使用 4 个普通的 100 Mb/s 交换端口将两台交换机级联起来,在全双工的条件下,使干线得到 800 Mb/s 的传输带宽。

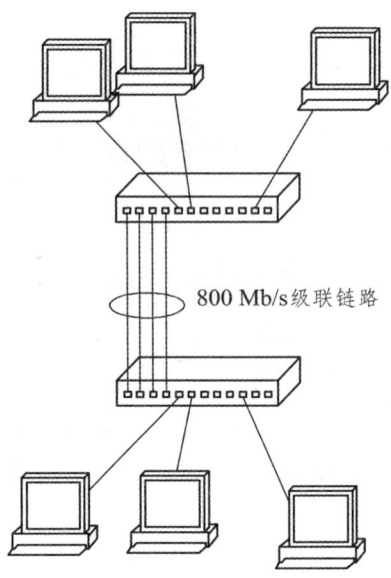

图 8.1 使用 trunk 方式的交换机级联

但是,我们不能使用 4 根导线简单地将两台交换机连接起来就算完成了级联工作。还需要对两个交换机进行配置,指明这 4 个端口组成一个级联干线 trunk。向交换机声明这 4 个端口构成一条干线,交换机就可以有效地在这 4 个端口上实现流量分配,使 4 个端口联合工作,确保提供最大的数据传输带宽。

图 8.2 是以图形方式配置交换机级联干线端口的例子。在例子中可以看出,这台交换机的端口 5、6、7 已经选择作为了同一个 Trunk。

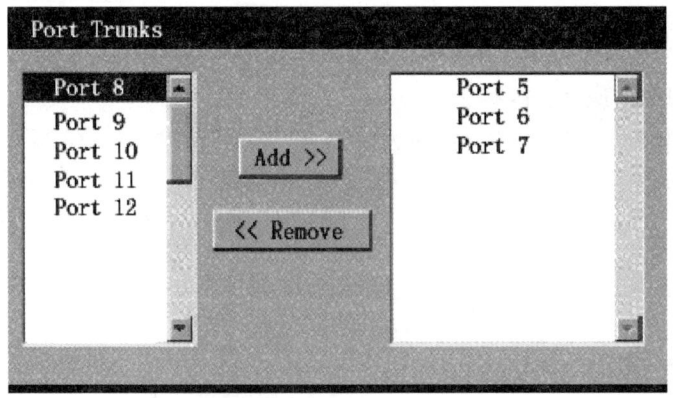

图 8.2 配置 Trunk

交换机的 Trunk 技术提供了一种端口聚合机制,它能将几个低速的连接组合在一起,形成一个高速的连接。图 8.1 的例子将 4 个全双工 200 Mb/s 快速以太网端口使用 Trunk 技术集中在一起形成 800 Mb/s 的连接,这几个端口可以作为一个端口来看待,进而获得了高速干线级联。

Trunk 技术还提供了级联的可靠性。在 Trunk 模式下，当 Trunk 的某条成员链路断开时，交换机自动将此链路上的数据分配到 Trunk 的其他链路上，当断开的链路重新连接上时将恢复原先的负载分配。

### 8.1.2 交换机的堆叠技术

"堆叠（SuperStack）"是另外一种交换机级联的技术，如图 8.3 所示。我们使用堆叠技术，交换机之间可以获得几个 Gb/s 的传输带宽。

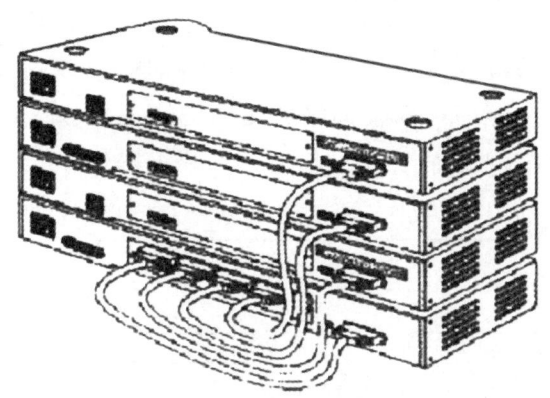

图 8.3 交换机的堆叠

在图 8.3 的例子中，3COM 公司的 SuperStack II Switch 1100 和 Switch 3300 交换机的背面都提供一个标准的堆叠端口，可以利用专用的 SuperStack II Switch Matrix Cable（矩阵电缆）把交换机堆叠成一体。这样，用户可以利用 1 根廉价的电缆，在交换机之间形成 1 条 1 Gb/s 的链路，从而使端口密度加倍。

由于这种交换机只提供一个堆叠端口，可以简单实现两个交换机的级联。为了多台交换机级联，可以选购 SuperStack II Switch Matrix Module（矩阵模块），安装在交换机背面的扩展插槽中，再将多台交换机用 SuperStack II Switch Matrix Cable（矩阵电缆）堆叠成一体。3COM 公司的矩阵模块提供 4 个堆叠端口，因此最多可堆叠 4 个设备。

这样，SuperStack II Switch Matrix Module 在各交换机之间提供 $4 \times 1$ Gb/s 的链路，从而形成高密度的交换机，又不浪费千兆位以太网端口。

### 8.1.3 两种级联技术的比较

我们使用堆叠技术，可以提供更高的级联带宽，并节省普通的交换机端口。但是堆叠电缆有长度限制，一般小于 1.5 m。所以，使用堆叠技术级联的交换机只能在一个机架上。堆叠技术只适用于增加交换机的端口数量。

我们使用干线 Trunk 技术来级联交换机，会占用连接计算机的交换端口，但是可以有 100 m 的传输距离。我们使用光纤（如果不是光纤端口，可以增加光电转换器设备），可以获得更远的传输距离。另外，当使用多条线路组成干线 Trunk 时，一条线路的故障不会使干线瘫痪，因此干线 Trunk 技术同时具有更高的级联可靠性。

## 8.2 构建带冗余链路的交换机网络

### 8.2.1 构建带冗余链路的交换机网络

我们在建设局域网的过程中，级联交换机时考虑搭建带冗余链路的交换机网络是一个很重要的技术。冗余链路可以使网络有更高的可靠性。

带冗余链路的交换机网络如图 8.4 所示。

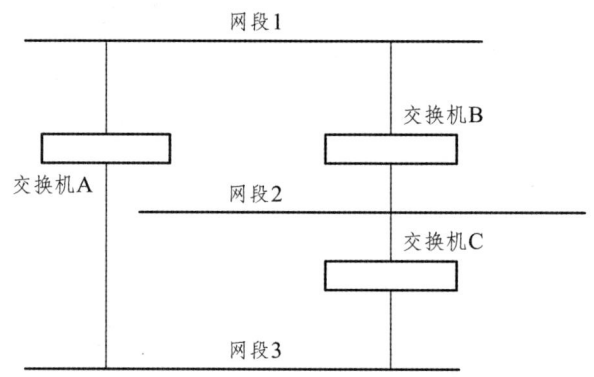

图 8.4 带冗余链路的交换机网络

在图 8.4 的三个交换机的级联形式下，任意一条级联干线故障，都不会使 3 个网段之间的通信中断。原因是这 3 个交换机的级联使用了带冗余的链路。所谓冗余，意思是指多余、重复。但是，冗余的链路增强了网络的可靠性。因此，对于可靠性要求很高的网络设计，通常都会采用带冗余链路的交换机网络。

我们要构建一个带冗余链路的交换机网络，就需要解决报文循环问题。我们假设网段 1 中某台计算机发送一个广播报文，交换机会向它的所有端口转发广播报。因此交换机 B 会将广播报沿干线转发给交换机 C。同理，交换机 C 因为向所有端口转发，会将这个广播报文转发给交换机 A。交换机 A 又会把报文转发给交换机 B……如此下去，广播报就会无休止地沿这个闭环循环下去。当更多的广播报文进入网段后，所有广播报都将在交换机的干线上循环。最后广播风暴将淹没整个带宽，阻塞交换机的端口，使网络崩溃。

我们为了解决这个问题，交换机使用 Spanning-Tree 协议。支持 Spanning-Tree 协议的交换机中都驻留一个 Spanning-Tree 协议程序，该程序会在交换机工作前测试出冗余的干线,并切断冗余链路。当网络中因为某条线路故障、交换机端口故障而出现链路失效,Spanning-Tree 协议程序会立即启动备份线路,进而保障了交换机之间的级联。

### 8.2.2 Spanning-Tree 协议

Spanning-Tree 协议也称为 IEEE802.1D 协议。冗余链路使得网络中存在循环回路,导致广播报文和组播报文在网络中无限循环。Spanning-Tree 协议被设计来解决这样的问题。

图 8.5 显示了 Spanning-Tree 协议的工作原理。

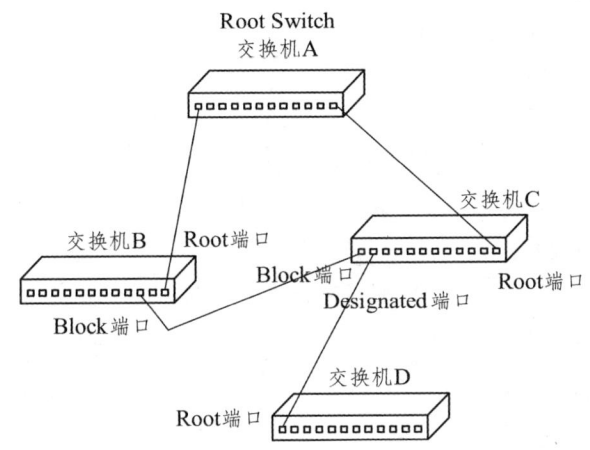

图 8.5 Spanning-Tree 协议的工作原理

在图 8.5 的例子中,4 个交换机都运行 Spanning-Tree 协议。系统启动后,Spanning-Tree 协议经过下列 3 个步骤,找到冗余端口,并将它们设置为 Block 状态,作为备份端口。

第一步,4 个交换机要选举出一个根交换机(Root Switch)。通过发 BPDU(Bridge Protocol Data Unit)广播,MAC 地址最大的交换机将被选为根交换机。

第二步,各个交换机为自己找到一个根端口(Root Port)。根端口是能与根交换机连接,且距离最近的那个端口。

第三步,将自己的其他端口设置成指定端口(Designated Port)或阻塞端口(Block Port)。指定端口是听不到根交换机 BPDU 广播的端口;阻塞端口是仍能听到根交换机 BPDU 广播的端口。

完成上述步骤后,冗余线路正是各个交换机阻塞端口所连的线路,因此被阻断。于是,消除了网络中的循环回路。

上述三个操作都依赖与交换机连续发出的 BPDU 广播包。在选举根交换机阶段,各个交换机将自己选举的根交换机代码(MAC 地址)放到 BPDU 广播包中,通知邻居。

例如图 8.5 中的交换机 B，第一个 BPDU 包中选举自己为根交换机。同样，交换机 A 和 C 的第一个 BPDU 包都选举它们自己为根交换机。当交换机 B 通过交换机 A 发来的 BPDU 包中得知交换机 A 的 MAC 地址比自己的 MAC 地址大的时候，它就会放弃自己而改选交换机 A 为根交换机。交换机 C 会发现交换机 A 和 B 都选举交换机 A 为根交换机，如果它的 MAC 地址确实小，它也会选举交换机 A 为根交换机。

在第二个阶段，各个交换机要为自己找到一个根端口。对于交换机 B，它可以从两个端口收听到根交换机的 BPDU，距离根交换机最近的那个端口将被设置为根端口。

判断距离根交换机远近的方法，是依据 IEEE802.1D 的规定。

- 10 Mb/s 线路：距离= 100；
- 100 Mb/s 线路：距离= 19；
- 1 Gb/s 线路：距离= 4；
- 10 Gb/s 线路：距离= 2。

假设图 8.5 各个交换机的级联线路都是 100 Mb/s，则交换机 B 直接与根交换机的连接距离是 19，通过交换机 C 与根交换机连接的距离是 38（19+19=38）。因此，交换机 B 选择直接与根交换机连接的端口为根端口。

在第三个阶段，各个交换机要把自己剩余的级联端口设置成为指定端口或阻塞端口。那些仍能听到根交换机 BPDU 广播的端口，又不是根端口，就必须阻塞。因为从这里产生的正是冗余线路。不是阻塞端口的端口，就是正常的级联端口，被设置为指定端口。

在图 8.6 中，交换机 C 从交换机 B 和 D 处都能收听到根交换机的 BPDU，为什么交换机 C 会把与交换机 B 级联的端口设置为阻塞状态，而把与交换机 D 级联的端口设置为指定端口呢？原因是交换机 D 面向自己的端口已经被指定为根端口。约定不能把别人的根端口设置为阻塞状态是合理的。

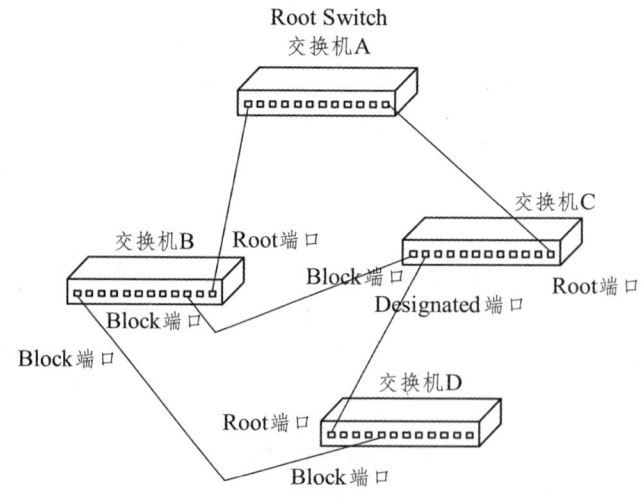

图 8.6 与别人根端口连接的端口不能被设置为阻塞状态

在前面讨论选举根交换机的时候，我们提到 MAC 地址最大的交换机会被选举为根交换机。那么各个交换机的 MAC 地址是什么呢？原来，生产厂家都为交换机固化一个 MAC 地址，这个地址与交换表中的那些 MAC 地址不同。交换表中的 MAC 地址是从计算机那里学习得到的，表明计算机接在某个端口上。而发往交换机固化的 MAC 地址的数据报，是发给交换机的数据（如网络管理员对交换机的远程设置信息等），而不是让交换机转发的报文。选举根交换机，使用的是交换机中固化的 MAC 地址。

一个支持 Spanning-Tree 协议（IEEE802.1D）的交换机，完成上述选举和设置工作需要 50 s 的时间。在交换机开机的前 50 s 里，是不为网络中的计算机转发数据包的。

在交换机正常工作后，交换机仍然持续发送 BPDU 数据报，以便能发现失效的链路。一旦交换机发现它的指定端口或根端口无法收听到邻居的 BPDU 广播报，就能判定该链路失效，进而迅速打开备份端口，重新选举根交换机和指定各个端口的类型。

交换机使用 Spanning-Tree 协议，需要因为 BPDU 广播而消耗一定的线路带宽。在没有冗余链路的网络中，应该关闭 Spanning-Tree 功能。交换机出厂的时候，默认 Spanning-Tree 功能关闭。我们可以用类似图 8.7 的设置窗口打开 Spanning-Tree 功能。

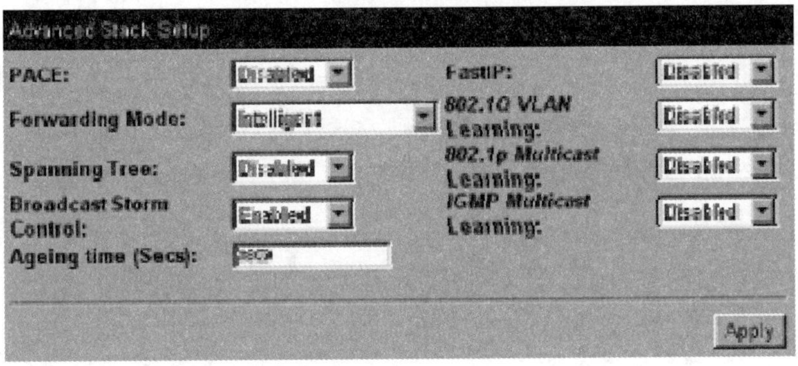

图 8.7　打开或关闭 Spanning-Tree 协议

## 8.3　虚拟子网 VLAN 技术

### 8.3.1　VLAN 的工作原理

在建设局域网中，要把局域网分割成若干个子网，以隔离广播和实现子网间访问的限制。如果不使用 VLAN 技术，就需要为每个子网单独配置交换机，然后通过路由器来连接子网。如图 8.8 所示，假设每个楼层为一个部门的子网。

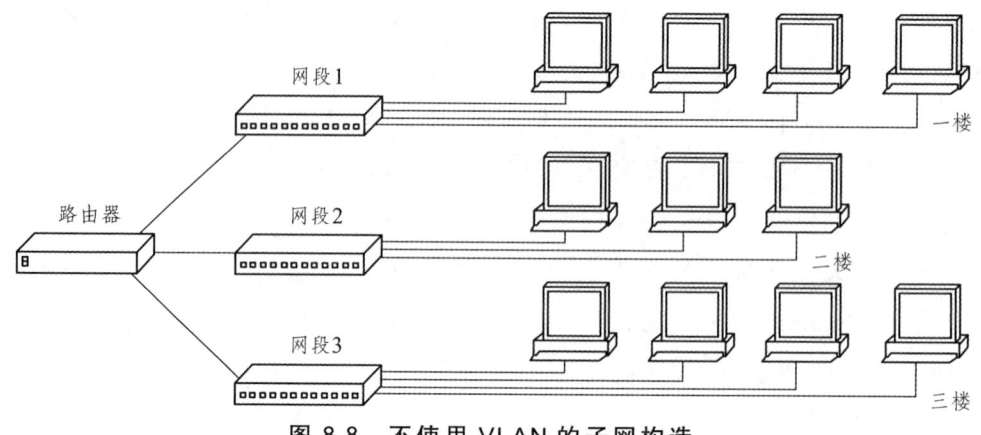

图 8.8 不使用 VLAN 的子网构造

图 8.8 的构造有两个缺点。

第一，如果三楼的若干节点划归一楼的部门（如办公室划归给一楼的部门），为了把三楼划归到一楼的计算机迁移到一楼的子网中去，就需要重新沿三楼管线、竖井为这些计算机布线，以便连接到一楼子网的交换机上。这样的工作量大，也耗费人力、物力。

第二，如果一楼的交换机端口数不够，就需要购买新的交换机（即使二楼的交换机有空余的端口也不能使用，因为它们不在一个子网上），这样就浪费了网络的投资。

综上所述，不使用 VLAN 交换机的子网划分，子网的物理位置变化非常困难，尤其在建网初期无法准确确定子网划分的时候，这个问题更加突出。同时，交换机的端口不能充分利用，浪费网络投资。

VLAN 技术通过指定一台交换机上各个端口属于哪个子网的方法来分割网络。例如我们可以把一台 24 口交换机的 1~6 端口指定给部门 1 的子网，把 7~20 端口指定给部门 2 的子网，把 21~24 端口指定给部门 3 的子网，如图 8.9 所示。

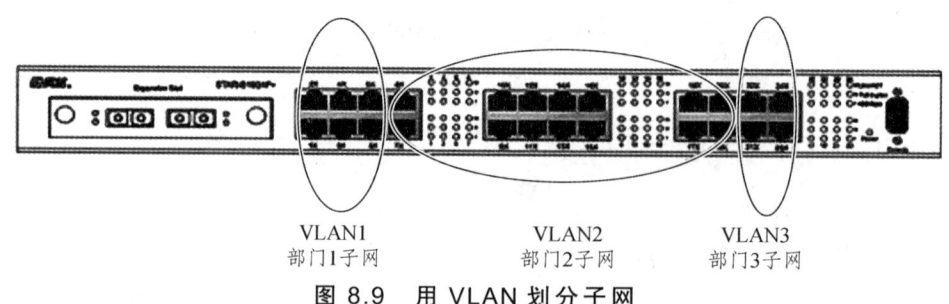

VLAN1　　　　VLAN2　　　　VLAN3
部门1子网　　部门2子网　　部门3子网

图 8.9 用 VLAN 划分子网

我们要实现上述子网划分的指定，只需要在普通交换机的交换表上增加一列虚拟局域网号就可以实现，如图 8.10 所示。

| 端口号 | MAC 地址 | VLAN 号 |
|---|---|---|
| 1 | 00789A 3004D4 | 1 |
| 2 | 00709A 563490 | 1 |
| 3 | B10000 79C534 | 2 |
| 4 | 00709A C5BF77 | 2 |
| 5 | B10000 796723 | 1 |

图 8.10　带 VLAN 号的交换表

为了实现子网划分的功能，简单修改普通交换机对广播报文的处理就可以完成。我们知道，普通交换机处理广播报文的方法是向所有端口转发。现在修改成：对收到的广播报文只向同 VLAN 号的端口转发。这样一来，第一，广播报被限定在本子网中；第二，由于 ARP 广播不能被其他 VLAN 中的计算机听到，也就无法直接访问其他子网的计算机（尽管在同一台交换机上）。因此，这样的改进完全实现了子网划分所要求的功能。

由此可见，在交换机上通过简单地设置，就能分割出子网。我们通过 VLAN 设置分割出的子网，与分别使用几个交换机来物理分割出的子网，同样能实现如下功能。

① 子网之间的广播隔离；
② 子网之间计算机相互通信需要路由器来转发。

### 8.3.2　802.1q 协议

一个数据报进入交换机后，交换机根据它是从哪个端口进入的，查交换表就可以得知它属于哪个 VLAN。

图 8.11 所示为带级联的交换机 VLAN 划分图。

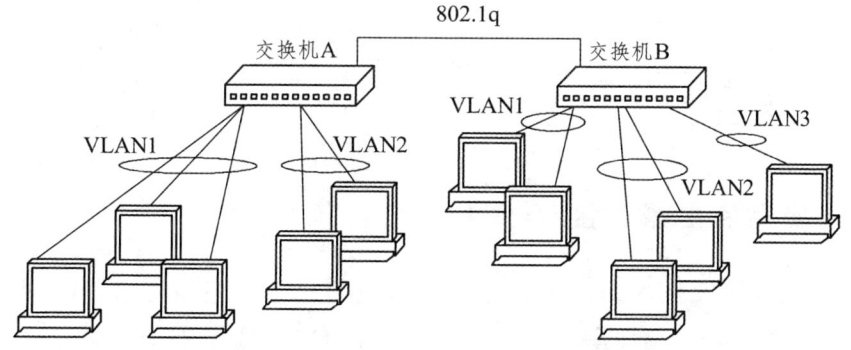

图 8.11　交换机级联时通过 802.1q 判断数据报属于哪个虚拟局域网

我们使用 VLAN 划分子网后的交换机级联时，级联导线上既传送 VLAN1 的数据报，也传送 VLAN2 和 VLAN3 中的数据报。两台交换机的级联端口需要配置成属于所有 VLAN。问题是，图 8.11 所示的交换机 A 如果从级联端口收到一个交换机 B 的数据报后，它怎么知道这个数据报属于哪个 VLAN 呢？

802.1q 协议规定了，当交换机需要将一个数据报发往另外一台交换机时，需要在这个数据报上做上一个帧标记，把 VLAN 号同时发往对方交换机。对方交换机收到这个数据报时，根据帧标记中的 VLAN 号，确定该数据报属于第几号虚拟子网。

802.1q 协议规定帧标记插入到以太网帧报头中源 MAC 地址和上层协议两个字段之间，如图 8.12 所示。

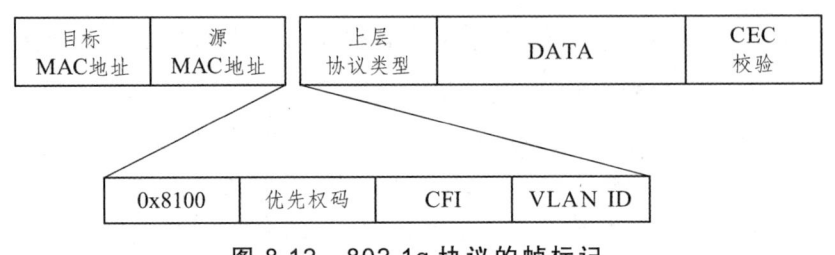

图 8.12　802.1q 协议的帧标记

802.1q 的帧标记用于把报文送往其他交换机时，通知对方交换机，发送该报文计算机所属的 VLAN。对方交换机据此，将新的 MAC 地址连同其 VLAN 号一起收录到自己交换表的级联端口中。

帧标记由源交换机从级联端口发送出去前嵌入帧报头中，再由接收方交换机从报头中卸下。（卸掉帧标记是非常重要的。如果没有这个操作，带有帧标记的数据报送到接收计算机或路由器中时，接收计算机或路由器就不能按照 802.3 协议正确解析帧报头中的各个字段。）

交换机的一个端口，如果对发出的数据报都插入帧标记，则称该端口工作在"Tag 方式"。交换机在刚出厂的时候，所有端口都默认为是"Untag 方式"。如果一个端口用于级联其他支持 VLAN 的交换机，则需要设置其为"Tag 方式"。否则，交换机就不能完成 802.1q 的帧标记操作。

## 8.4　子网互连

### 8.4.1　使用路由器连接 VLAN

接入交换机的计算机之间，尽管在同一台交换机上，但是如果不在同一个 VLAN 内，仍然是无法通信的。不同 VLAN 之间的计算机之间需要通信的话，就要借助路由器来在 VLAN 之间转发数据报。如图 8.13 所示的连接中，为了使 VLAN1 的计算机与 VLAN2 的计算机之间通信，需要接入路由器。路由器的两个以太端口分别接入 VLAN1 和 VLAN2，在两个子网之间形成一个转发通路。

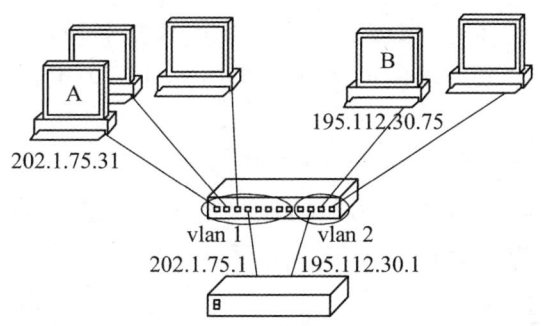

图 8.13 VLAN 之间的通信需要使用路由器

参照图 8.13，使用路由器连接一台交换机中两个不同虚拟局域网的工作过程如下。

① 当 VLAN1 中的 A 计算机需要与 VLAN2 中的 B 计算机通信时，因为交换机隔离了虚网之间的广播，A 计算机查询 B 计算机 MAC 地址的 ARP 广播，B 计算机是无法收听到的。

② 路由器从"200.1.75.1"端口收听到这个 ARP 广播，就会用自己的 MAC 地址应答 A 计算机。

③ A 计算机把发给 B 计算机的报文发给路由器。

④ 路由器收到这个数据报，从 IP 报头得知目标计算机是"195.112.30.75"，所在网络是"195.112.30.0"。

⑤ 路由器在 VLAN2 上发 ARP 广播，寻找"195.112.30.75"计算机，以获得它的 MAC 地址。

⑥ 获得了 B 计算机的 MAC 地址后，路由器就可以从其"195.112.30.1"端口把报文发给 B 计算机了。

更复杂的连接如图 8.14 所示。在 3 台级联的交换机上，路由器需要为每个 VLAN 提供 1 个端口，以确保为 3 个 VLAN 之间的通信提供数据转发服务。

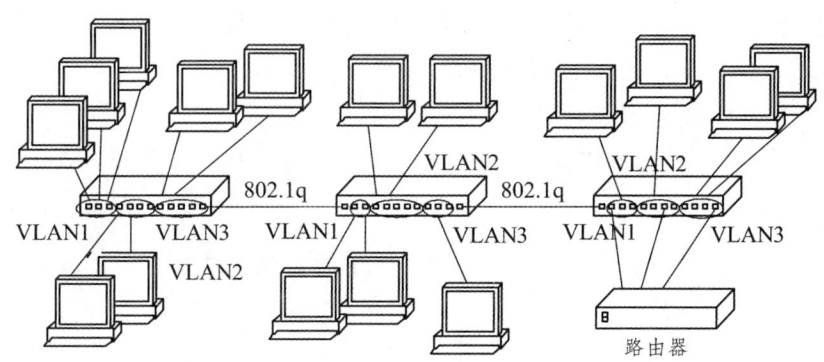

图 8.14 多交换机级联后的 VLAN 互连

另外，我们需要明确，交换机的级联端口需要配置为同时属于 VLAN1、VLAN2 和 VLAN3，才能同时为三个子网提供数据链路。级联端口配置了 802.1q 协议，可以在向其他交换机转发数据报时,把该数据报所属的虚拟局域网号报告给下一台交换机。读者可以自己分析一个虚拟局域网中的计算机向另外一个虚拟局域网的计算机发送数据报的过程。

图 8.14 中的路由器为了互连 3 个 VLAN,需要使用 3 个以太网端口。同时,还需要占用 3 个交换机的端口。图 8.15 的路由器只需要使用 1 个端口,也能完成相同的任务。这时,交换机与路由器连接的端口,也应该属于所有子网,并配置 802.1q 协议。

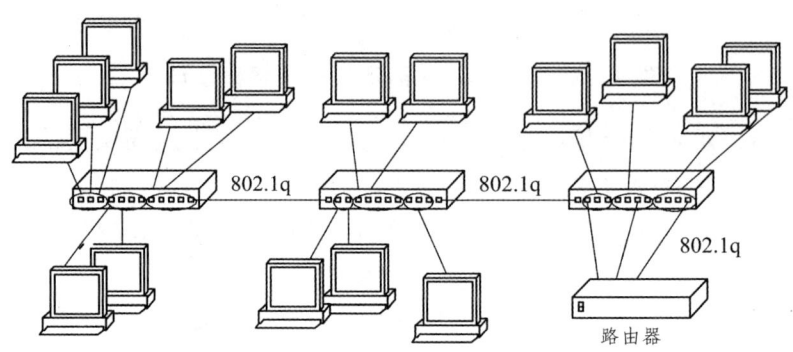

图 8.15　路由器只需要使用一个端口来连接多个虚拟局域网

### 8.4.2　三层路由交换机

路由器的工作原理因为复杂,所以其速度相对较低。

交换机只要查询数据帧中帧报头里的目标 MAC 地址,进行帧校验,就可以将数据从某端口转发出去了。而路由器则需要完成帧校验、拆卸帧报头、分析网络层报头中的目标 IP 地址、安装新帧报头等任务。这样复杂的工作使路由器转发数据报所耗的延迟远高于交换机。

路由器是网络之间互连的必要设备,同时也是网络中最主要的、代价最高的瓶颈。

三层路由交换机是一种能同时完成交换和路由的设备。通过称为"一次路由,次次交换"的技术,三层路由交换机能够使网间的数据转发也用交换技术来实现,进而消除路由转发技术带来的延迟,提高网络性能。

图 8.16 介绍了三层路由交换机的工作原理。

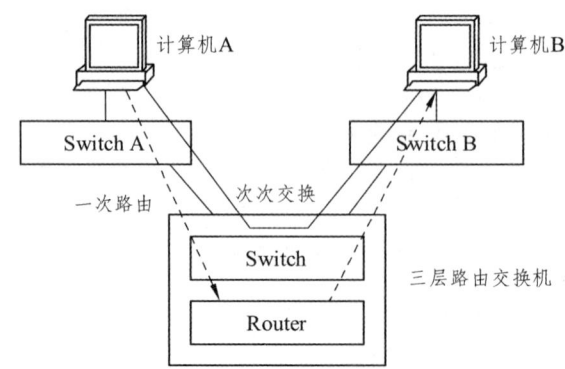

图 8.16　三层路由交换机的工作原理

当计算机 A 需要与计算机 B 通信的时候，计算机 A 首先要判断目标计算机 B 的 IP 地址。如果目标计算机 B 与自己在同一个网段内，则发 ARP 请求，获得目标计算机的 MAC 地址。一旦发现目标计算机 B 与自己不在一个网段上，则向"默认网关"（路由器）发送 ARP 请求，索取默认网关的 MAC 地址。

在图 8.16 中，计算机 A 的默认网关是三层路由交换机。三层路由交换机如果发现计算机 B 所在的网段也与自己相连，就不会像普通路由器那样，把自己的 MAC 地址发还给计算机 A，而是向网络 B 发 ARP 请求广播，查询计算机 B 的 MAC 地址，并拿计算机 B 的 MAC 地址应答计算机 A。（而不是拿自己的 MAC 地址应答）

计算机 A 拿计算机 B 的 MAC 地址封装好数据帧后，再将报文发向三层路由交换机时，三层路由交换机在其交换表中就能找到目标计算机 B 的输出端口，并将数据报转发给计算机 B。其后，计算机 A 与计算机 B 之间的通信就直接使用三层路由交换机的第二层交换功能，不再需要第三层的路由功能了。

可见，三层路由交换机在网段间转发数据报时，只有第一次的时候需要使用第三层的路由功能。其后都是使用第二层的交换功能。

路由交换是一个模型，它将第二层交换机和第三层路由器两者的优势结合成一个灵活的解决方案，可在各个层次提供线速性能。该解决方案的中心是"一次路由，次次交换"的技术。

# 第 9 章 广域网

随着政府机构、大型企业日益网络化,局域网互连已经成为必不可少的技术。多个局域网跨地区、跨城市、甚至跨国家地互连在一起,就组成了一个覆盖很大区域的广域网 WAN(Wide Area Networks)。

广域网是一个由多个局域网远距离连接在一起的大型网络。

## 9.1 广域网连接技术

### 9.1.1 公共服务网络

大多数广域网互连采用租用公共数据网络的方案。公共数据网络是指电话公司建设的服务网络。如 ChinaDDN 网,ChinaFrame 网等。电话公司建设这些网络后,通过出租线路服务,为我们提供网络远程互连的方法(见图 9.1)。

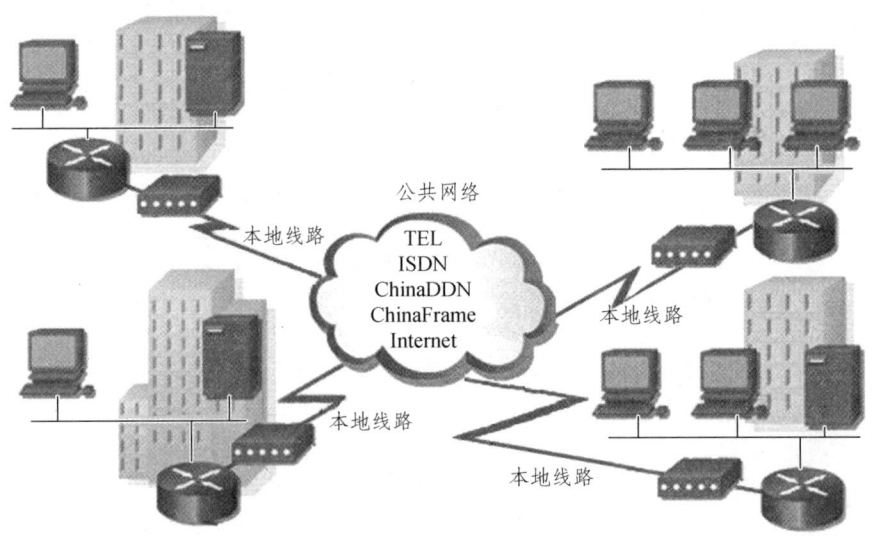

图 9.1 公共网

这样,我们不需要铺设局域网之间的连接线路。通过与连接服务商签订线路租用合同,就得到了远程连接的线路。我们需要做的工作仅仅是配置好与公共网络连接的路由器,互连的工作就完成了。

公共网络与局域网的连接线路称为本地线路，签订线路租用合同后，由电话公司负责铺设。

电话网络已经有一个多世纪的历史了，是世界上覆盖最为广泛的通信网络。使用电话网络的优点是不用电话公司铺设本地线路，因为电话网的本地线路本身就已经铺设到局域网附近了。电话网络的传输速度（56 kb/s）是很多局域网互连放弃这个方案的重要原因。

ISDN 网是利用原电话网的本地线路为用户服务的数字通信网络，因此它与电话网一样具有不用专门铺设本地线路的优点。ISDN 网提供的传输速度可以达到 128 kb/s，需要改造本地线路的宽带 ISDN 可以提供更高的传输速度（1.544 Mb/s）。

电话网和 ISDN 网的共同缺点是在局域网需要长时间在线连接的情况下租用价格非常高。这对局域网互连的运行成本构成了压力。

我国在 20 世纪 90 年代中期由政府组织投资建设的 ChinaPAC 网、ChinaDDN 网和 ChinaFrame 网为局域网互连提供了更为可行的解决方案。ChinaDDN 网和 ChinaFrame 网能够提供更高的带宽和更便宜的运行成本，是银行、大型企业首选的公共服务网络。

### 9.1.2 调制解调器

调制解调器用于把数字信号调制成模拟信号发送，或将接收的模拟信号解调回数字信号，如图 9.2 所示。

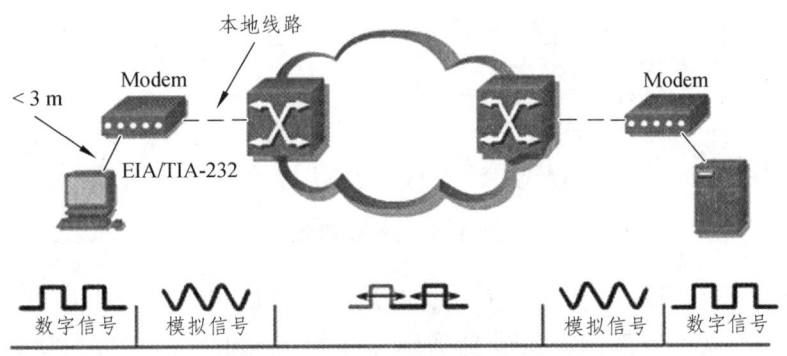

图 9.2 调制解调器的功能

调制解调器在下列两种情况下需要使用。
- 在有限频宽的电缆中传输数字信号；
- 频分多路复用。

最典型的有限频宽的电缆是电话线电缆。电话线电缆的频带宽度是 2 MHz 左右，而目前的数字信号的频宽从 8 MHz 到 80 MHz，均大于电话线电缆能够传输的频率。因此，直接将数字信号放到电话线电缆上是无法传输的。

我们为了在电话线电缆上传输数字信号，就需要使用调制解调器把电压表示的 0、

1数字信号，转换为用其他方式表示0、1的模拟信号。调制解调器可以用正弦波的频率、幅值和相位三种不同的方法来表现0、1信号。

调制解调器用正弦波的频率表示0、1信号时，发送端的调制解调器可以用一个频率（如1.5 kHz）表示0，用另外一个频率（如2.5 kHz）表示1。接收端的调制解调器根据信号的频率就能识别目前接收的是0还是1。而1.5 kHz的正弦波信号和2.5 kHz的都落在电话线电缆的频率响应范围内，数字信号就可以利用这种调频的正弦波使用电话线电缆进行传输了。

我们把上述利用正弦波的频率变化来表示数字信号，而幅值不变的方法，称为调频，如图9.3所示。

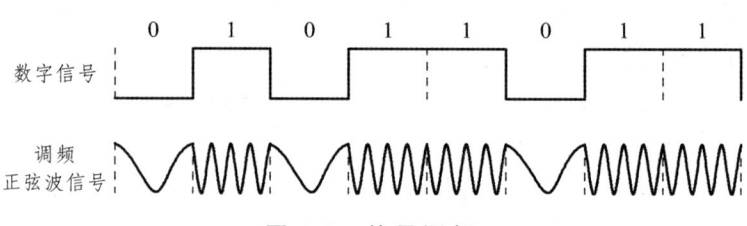

图9.3　信号调频

我们利用正弦波信号的幅值也可以表现0、1数字信号，如图9.4所示。与调频不同，调幅时的调制解调器不改变正弦波信号的频率，而是改变自己的幅值，用较低和较高的幅值来表现0、1数字信号。

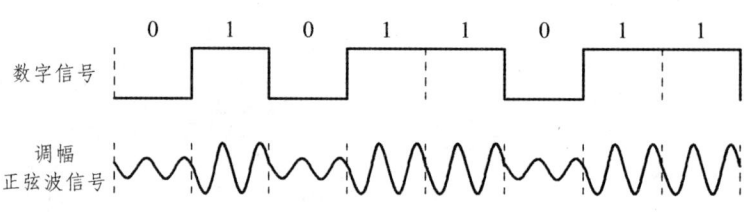

图9.4　信号调幅

调相也是一种常用的信号调制方法。正弦波信号的相位同样也可以表现0、1数字信号。从图9.5可见，当正弦波信号自采样点开始首先由零向正方向变化称为正相位，表示数字0；那么正弦波信号自采样点开始首先由零向负方向变化则称为负相位，就可以表示数字1。

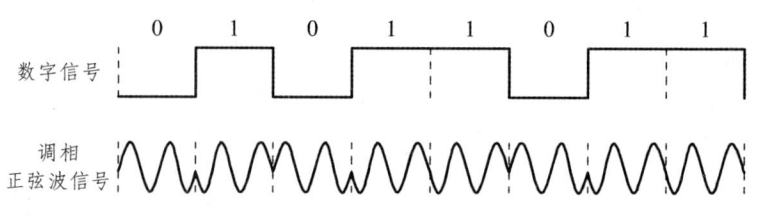

图9.5　信号调相

从图 9.5 可以有趣地发现，连续的 1 或连续的 0 在采样点的相位是保持不变的。因此有的教科书上解释调相调制解调器是用相位的突然改变来表示 0 到 1 的变化或 1 到 0 的变化。

使用正弦波，利用其频率、幅值和相位的变化来表示数字 0、1 信号，我们称这样用途的正弦波信号为载波信号。

只要载波信号的频率落在电话电缆的频带内，我们就可以利用载波信号来传输数字信号。

通信术语中，二进制数字信号转换成模拟正弦波信号的过程称为调制，在接收端将模拟正弦波信号还原成二进制数字信号则称为解调。调制解调器是由调制和解调两个词复合而成的。

在电视电缆中传输数字信号也使用调制解调器，如现在流行的 Cable Modem 技术。我们已经知道，目前的数字信号的频宽都在几十 MHz 左右，而电视电缆的频宽都在 550 MHz 以上，为什么还需要调制解调器呢？这是因为电视电缆除了传输数据以外，还需要传输多路电视节目信号。目前的电视电缆都采用频分多路复用技术来实现在一根电缆中传输多路节目信号，数据信号如果占用太大的带宽，就会影响电视电缆正常传输电视节目。由于数据信号只能使用电视电缆中的部分频带宽度（8 MHz），因此依然要使用调制解调器。

电视电缆的数字传输中使用调制解调器，不仅为了降低数字信号所占用的频率宽度，而且也为了把数据信号调制到设定的频段上去。

租用公共数据网络构造广域网，通常需要使用调制解调器。这是因为从公共数据网络到用户端的这段距离，目前都是采用电缆连接的。这样的远距离传输的电缆，其频率宽度都是有限的，必须使用调制解调器来降低信号的带宽才能传输。

### 9.1.3 DTE 设备与 DCE 设备

在广域网互连中，将各个局域网连接到公共数据网络上，通过公共数据网中的租用线路，就实现了局域网的互连。

局域网与公共数据网络的连接中，局域网的最外端设备通常是路由器，公共数据网络最外端通常是类似 CSU/DSU、调制解调器这样的设备。我们称局域网的最外端设备为 DTE（数据终端设备 Data Terminal Equipment），称公共数据网络的最外端设备为 DCE（数据通信设备 Data Communication Equipment），如图 9.6 所示。

DTE 设备和 DCE 设备都放置在用户端。

我们在与电话公司签订了线路租用合同后，电话公司会铺设自电话公司到用户端的本地线路电缆，并调通自 DCE 设备到电话公司网络的连接。事实上，广域网互连非常简单，我们只需要将自己的 DTE 设备与电话公司的 DCE 设备连接上，然后正确配置 DTE（如路由器），就完成了连接的任务。

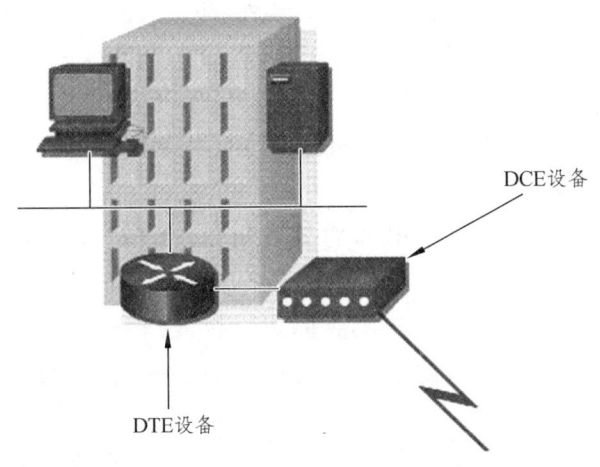

图 9.6 DTE 设备和 DCE 设备

图 9.7 中的 CSU/DSU 是用在用户与公共数据网使用数字信号传输的设备。如果这段距离使用模拟信号传输，DCE 设备就需要用调制解调器。

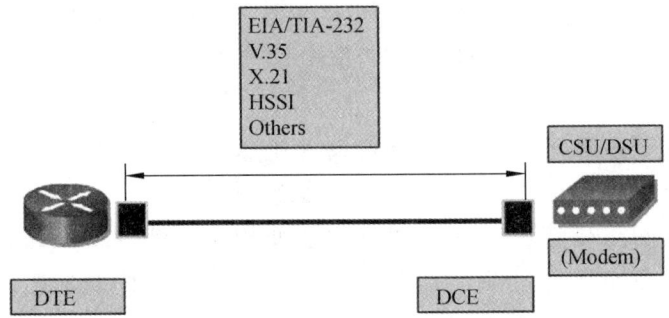

图 9.7 DTE 与 DCE 的连接

DTE 设备与 DCE 设备使用串行连接。在我国，由路由器作为 DTE 来与 DCE 设备的连接多使用 V.35 标准，而不是使用我们熟悉的 232 标准（232 标准是 TIA/EIA 发布的，CCITT 也有相同的标准称为 V.24）。

## 9.2 PPP 协议

在以太网通信中，广泛使用 TCP（或 UDP）、IP 与 IEEE 802 三个协议联合完成寻址和通信控制任务。IEEE 802 是一个局域网的链路层工作协议，不能在广域网中使用。在使用诸如电话网、ISDN 网这样的广域网连接中，需要在链路层使用另外的一个称为 PPP 的协议程序。

在如图 9.2 的点对点连接中，发送计算机需要在链路层使用 PPP 协议程序来完成链路层的数据封装。控制数据往物理层"发送移位寄存器"发送数据的工作，也由 PPP

协议程序来完成。接收计算机链路层的工作也由 PPP 协议程序承担。

图 9.8 是使用电话网或 ISDN 网互联局域网的例子。在这里，发送计算机的链路层仍然使用 IEEE 802 协议程序，因为计算机直接连接的是以太网络。数据报到达路由器 A 后，路由器 A 将使用 PPP 封装数据报，继续将数据报转发到电话网或 ISDN 网的链路上。在接收方，路由器 B 也将使用 PPP 程序控制从移位寄存器中接收数据报。然后，路由器 B 将用 IEEE 802 程序重新封装数据帧，发送到自己的以太网中，交目标计算机接收。

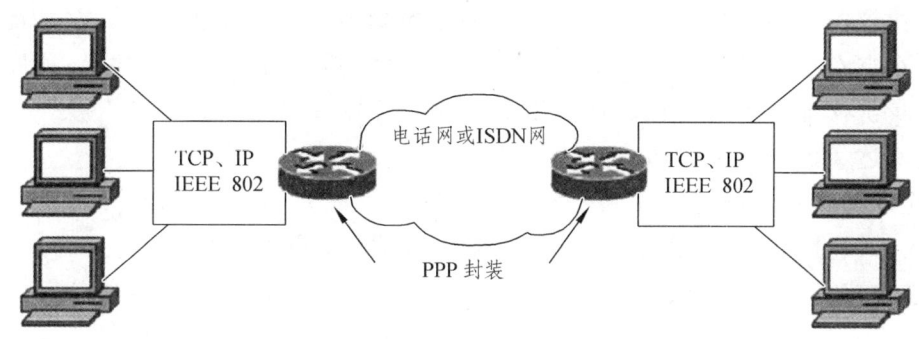

图 9.8  使用电话网或 ISDN 网互连局域网

### 9.2.1  PPP 协议的功能

PPP 协议是一个链路层协议，工作在电话网、ISDN 网这样的点对点通信的连接上。PPP 是 Point-to-Point Protocol 的缩写，称为点对点连接协议。

PPP 协议因为工作在点对点的连接中，因此具有如下两个特点。

首先，点对点的连接不需要物理寻址。这是因为发送端发送出的数据报，经点对点连接链路，只会有一个接收端接收。在数据传输开始前，数据转发线路已经由电话信令信号沿电话网或 ISDN 网中的交换机建立起来了。开始传送数据后，电话网或 ISDN 网中的交换机不再需要根据报头中的链路层地址判断如何转发。在接收端，也不需要接收设备像以太网技术那样根据链路层地址辨别是否是发给自己的数据报。

因此，PPP 协议封装数据报时，不需要再在报头中封装链路层地址。

如图 9.9 所示的 PPP 报头中，虽然有地址字段，但是已经是个作废的字段，固定填写 11111111。（这个字段是 PPP 协议继承其前身 HDLC 协议得到的，PPP 协议虽然没有使用这个字段，但是还是在自己的报头中保留了下来。）

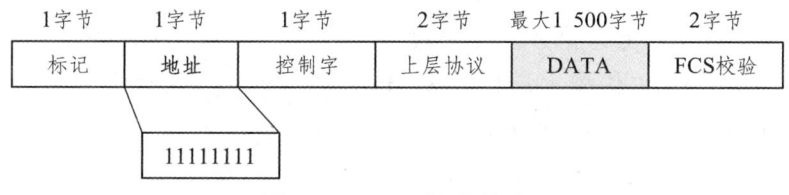

图 9.9  PPP 报头格式

PPP 协议的第二个特点是，点对点连接的线路两端只有两个终端节点，显然不再需要介质访问控制来避免介质使用冲突。

基于上述两个特点可见，虽然 PPP 协议是个链路层协议，但是它不再需要完成介质访问控制的工作，也不用像以太网需要 MAC 地址一样为数据报封装链路层地址。

这样，PPP 协议程序的基本功能是在点对点通信线路上取代 IEEE802 协议程序，完成控制数据从内存向物理层硬件（移位寄存器）的发送，和从物理层硬件接收数据的工作。

PPP 协议除了控制数据的发送与接收的基本功能外，由于扩大了许多功能，使之非常适合在点对点连接的线路上通信。这些增强的功能是：连接的建立、线路质量测试、连接身份认证、上层协议磋商、数据压缩与加密等 5 个功能。

综上所述，PPP 协议的功能归纳如下。

- 连接的建立：通过来、回一对呼叫报文包，建立通信连接。
- 线路质量测试：通过来、回一对或多对测试包，测试线路质量（延迟、丢包等）。
- 连接身份认证：通过来、回一对或多个认证包，让被呼叫方确认呼叫方合法身份。
- 上层协议磋商：通过来、回一对或多对磋商包，磋商上层协议的类型。
- 控制数据的发送与接收：可选择数据压缩与加密。
- 连接的拆除：通过来、回一对呼叫报文包，拆除通信连接。

### 9.2.2 PPP 协议的报文格式

如图 9.9 所示的 PPP 报文格式解释如下。

- 标记 Flag 字段（长度为 1 字节）：一个字节 01111110 的二进制序列，标明一帧数据的开始。
- 地址 Address 字段（长度为 1 字节）：PPP 没有使用这个字段，放置一个固定的广播地址 11111111。
- 控制 Control 字段（长度为 1 字节）：PPP 也没有使用这个字段，放置一个固定数值 00000011。这个也是一个继承 PPP 前身 HDLC 协议的字段。在 HDLC 协议中使用这个字段来放置帧序号来完成出错重发任务，而 PPP 协议放弃了出错重发任务，把这个工作留给 TCP 协议去完成。HDLC 协议中还使用这个字段来放置流量控制等控制码信息。
- 上层协议 Protocol 类型字段（长度为 2 字节）：这个字段用来指明网络层使用的是哪个协议。如 0x8021 代表上层协议是 IP 协议，0x802b 代表上层协议是 IPX 协议，0xC023 代表上层协议是身份认证 PAP 协议。
- 数据区（最大长度 1 500 字节）。
- 报尾（长度为 2 字节）：放置帧校验结果。

## 9.2.3 PPP 协议的子协议

我们知道，以太网的链路层协议 IEEE 802 是由两个子协议组成：IEEE 802.2 和 IEEE 802.3。其中 IEEE 802.3 程序完成链路层的主体工作，IEEE 802.2 则承担 IEEE 802.3 程序与上层协议程序的接口任务。PPP 协议也是这样，也由两个子协议组成：NCP 和 LCP。LCP 子协议程序完成 PPP 的链路层主体工作，而 NCP 子协议程序则承担 LCP 程序与上层协议程序的接口任务，如图 9.10 所示。

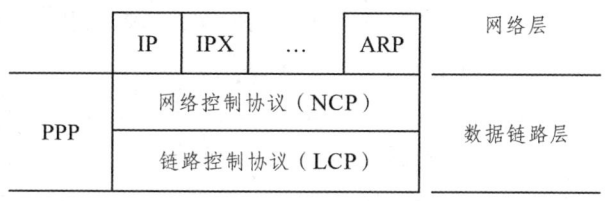

图 9.10 PPP 的 NCP 和 LCP 子协议

## 9.2.4 PPP 协议的基本操作

PPP 协议的基本操作分别在 6 个不同的周期内进行。

① 周期 1（链路建立周期）。

LCP 程序发送"链路连接建立请求"包，向点对点连接的另一方请求建立连接。对方如果同意建立此连接，则返回一个"链路连接建立响应"包。在请求包、应答包中，还携带了一些磋商参数，如：最大报文长度、是否对数据压缩、是否对数据加密、是否进行连接质量检测、是否进行身份认证及使用哪种身份验证协议等。

② 周期 2（链路质量测试周期）。

LCP 程序通过发送测试包给对方，待对方回送该测试包，以测试线路质量，如延迟时间、是否丢包等。（这是一个可选周期，在链路建立周期由双方磋商是否需要这个周期。）

③ 周期 3（身份验证周期）。

这也是个可选的周期。如果在链路建立周期中双方磋商需要这个周期，则 PPP 协议调用身份验证协议程序 PAP 或 CHAP，通过交换报文进行身份验证。如果身份验证失败，PPP 的连接将失败。

④ 周期 4（上层协议磋商周期）。

在这个周期，由 NCP 程序构造上层协议磋商报文包，发送给对方。这个 NCP 磋商报文包中放置上层协议编码（如 0x8021 表示上层协议是 IP 协议），如果对方同意使用邀请使用的上层协议，将在磋商应答报文包中使用相同的上层协议编码。

⑤ 周期 5（数据发送周期）。

完成了上述连接建立的工作后，就可以在这个周期内进行数据传输了。这个周期可以持续几分钟，直至几个小时。期间，LCP 程序可以发送"link-maintenance"报文来调整双方的配置，或维持连接。如果在第一个周期中双方磋商对数据进行压缩，以减少数据传送量，则 LCP 程序会对待发送的数据进行压缩后再发送。通常的压缩协议是 Stacker 和 Predictor。

⑥ 周期 6（连接拆除周期）。

通信结束后，任何一方的 LCP 程序都可以使用"连接拆除"报文来终止双方的链接。如果在数据发送周期里线路上长时间没有流量，LCP 程序就会认为对方异常终止，便会自行关闭连接，并通知网络层，以便使其做出相应反应。由此可见，如果是正常情况下在数据发送周期暂时没有数据发送，就必须发送"Keep Alive"报文包，以避免对方自行拆除连接。"Keep Alive"报文包是由 LCP 程序生成并发送的。

在上述各个周期里，点对点连接的双方很容易从 PPP 报头的协议字段分清数据报的类型，如 0xC021 指明数据报是链路层控制协议（LCP）报文；0xC023 指明是密码认证协议报文（Password Authentication Protocol）；0xC025 指明数据报是链路品质报告报文（Link Quality Report）；0xC223 是挑战-认证握手协议报文（Challenge Handshake Authentication Protocol）；而 0x8021 则是真正传送的数据（IP 数据包）。

## 9.3 综合业务服务网 ISDN

20 世纪 90 年代末，综合业务数字网 ISDN 在我国引起了广泛的注意。在电话公司的局间电话网络实现了数字通信后，ISDN 技术希望在电话局与用户端之间的信息交换也实现传输数字化，而不需更换原电话线缆。ISDN 不仅使语音通话实现了数字化，而且使电话线传输数字信号的 Modem 方式的 56 kb/s 数据传输速率得到极大提高。BRI ISDN 可以提供 144 kb/s 的传输速度，PRI ISDN 的传输速度可达到 1.544 Mb/s 或 2.048 Mb/s。

### 9.3.1 ISDN 的信道

ISDN 技术使用时分多路复用（TDM）技术将原电话线划分为多条信道。BRI ISDN（Basic Rate Interface ISDN）将原有电话线时分复用为 3 个信道：2 个 64 kb/s 的 B 信道和 1 个 16 kb/s 的 D 信道，总带宽为 144 kb/s。我国和欧洲的 PRI ISDN（Primary Rate Interface ISDN）将线路时分复用为 30 个信道：22 个 64 kb/s 的 B 信道和 1 个 64 kb/s 的 D 信道，总带宽为 2.048 Mb/s。北美和日本的 PRI ISDN 将线路时分复用为 23 个信道：22 个 64 kb/s 的 B 信道和 1 个 64 kb/s 的 D 信道，总带宽为 1.544 Mb/s。

ISDN 信道的划分详见图 9.11。

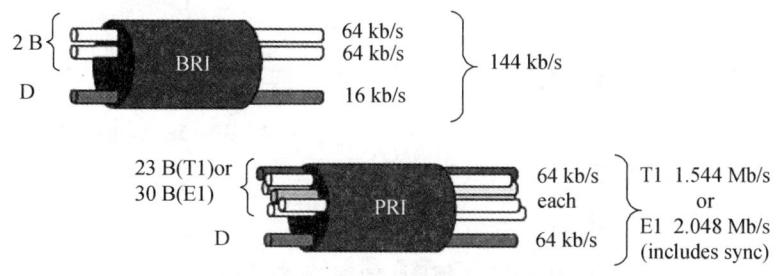

图 9.11　ISDN 的时分多路复用

B 信道是"传输信道 Bearer Channel"术语的简称，D 信道则是术语"Delta Channel"的简称。

对于小型办公室的广域网连接，BRI ISDN 能够提供理想的解决方案。这是因为 BRI ISDN 不用更换原来的电话线路，连接方便。尤其是对于办公地点可能变动的局域网，使用 BRI ISDN 不用电话公司安装和拆除专门的线路。

我国的 BRI 的 D 信道为电话公司传输信令使用，目前不提供给用户，因此用户只能使用两个 B 信道。当流量小的时候，可以使用其中一个 B 信道，得到 64 kb/s 的传输带宽。此时，语音通信可以使用另外一个 B 信道同时进行。当流量较大时，可以同时使用两个 B 信道，得到 128 kb/s 的传输带宽。这个速度高于模拟 Modem 56 kb/s 传输速度一倍以上。

使用 PRI ISDN，多条 B 信道同时为两点传输数据，可用于视频信号传输和其他需要宽带传输的连接。

## 9.3.2　ISDN 的用户端设备

在电话公司内部以及电话公司的局间的通话已经实现数字化后，ISDN 是对"最后几千米"数字化的努力。

在 ISDN 网络中，数字化的工作是在用户端完成的，而不是在电话局端。用户在申请将自己的原电话连接改为 ISDN 后，需要在自己一端安装一个 32 开书大小的盒式设备，称为 NT1 Plus。我国电话公司提供的 NT1 Plus 通常有 5 个接口，如图 9.12 所示。

- 1 个 Line 口：RJ11 的 2 线接口，连接原电话入线；
- 2 个 TE1 口：RJ45 的 8 线接口，连接数字电话机、数字传真机、路由器等；
- 2 个 TE2 口：RJ11 的两线接口，连接传统电话机、传统传真机、Modem 等。

ISDN 在原电话线路上时分多路复用为"2B+D"三个信道，NT1 Plus 挂接 4 个设备，用户可以使用两个 B 信道同时传输两路信号，或将两个 B 信道作为一路信号传输数据。

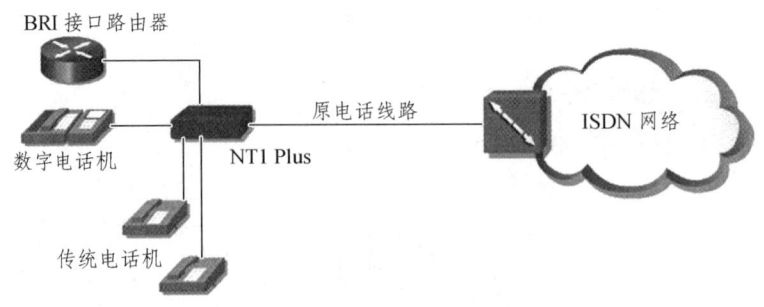

图 9.12　ISDN 的用户端设备

NT1 Plus 的内部由三个部件组成，如图 9.13 所示。

* NT1：网络终端设备 1，用于连接电话入线，将 4 线 BRI 信号转换为 2 线 ISDN 数字信号。
* NT2：网络终端设备 2，完成集线功能，起交换机的作用，将多个设备连接一条 ISDN 线路上。必要时实现多路复用。
* TA：终端适配器，用于将传统电话机、传真机和 Modem 的模拟信号转换为 ISDN 的数字信号，使 ISDN 线路仍然可以兼容传统的电话设备。

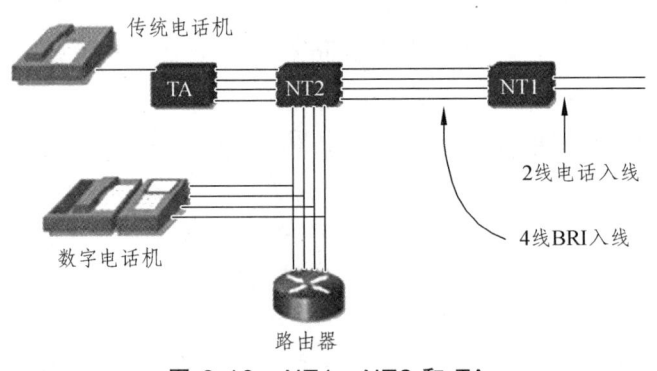

图 9.13　NT1、NT2 和 TA

### 9.3.3　数据传输中 ISDN 的协议、标准

我们使用 ISDN 互联局域网，使用 ISDN 线路中的 B 信道。B 信道通信中的传输层协议和网络层协议仍然使用 TCP/UDP 和 IP，链路层协议则使用 PPP 协议（或 HDLC 协议）。也就是说，使用 ISDN 的数据传输是由 TCP/UDP 程序、IP 程序和 PPP 程序联合控制完成的。

在 ISDN 的链路层使用 PPP 协议，可以比较为以太网的链路层使用 802 协议一样。PPP 协议要完成数据的封装、差错校验，并控制数据发给物理层电路和从物理层电路上接收数据。

为了进行通信，在使用 B 信道通信前还需要建立 ISDN 从发送端到远端接收端的线路呼叫连接。线路的呼叫连接是依靠 D 信道的信令完成的。D 信道的信令构造、解读、发送与接收使用另外一套 Q 协议。Q 协议是 ITU-T（International Telecommunication Union Telecommunication Standardization Sector）为 ISDN 的线路呼叫制订的 D 信道协议。

ISDN D 信道的网络层协议使用 ITU-T Q.931，链路层协议使用 ITU-T Q.921。在一个局域网的边界路由器试图向另外一个局域网的路由器发送数据时，就需要建立一条 ISDN 的线路。这时 D 信道就被用来在路由器和 ISDN 网的边界交换机之间交换呼叫信息包。边界交换机中的一种称为 7 号信令的指令系统（SS7）使用被呼叫的电话号码沿 ISDN 网中的各个交换机建立起呼叫方和被呼方的连接线路。

ISDN 两个信道在物理层使用 I 协议。I 协议规定了 ISDN 在物理层上的电气特性的标准和物理连接方式的标准。

ISDN 的协议与标准如图 9.14 所示。

| OSI模型 | D通道 | B通道 |
|---|---|---|
| 网络层 | Q.931 | IP |
| 链路层 | Q.921 | PPP或HDLC |
| 物理层 | BRI:I.430<br>PRI:I.431 | |

图 9.14 ISDN 的协议与标准

### 9.3.4 ISDN 交换机的类型

ISDN 技术的研究早在 20 世纪 60 年代末期就已经开始了，而统一的 ISDN 技术标准（Q 协议、I 协议）到了 1984 年 10 月才被来自 157 个国家的 CCITT 代表通过并发布。这时，在欧洲和北美各国的 ISDN 网络已经建设，这些网络的设备并不完全符合 CCITT 的 Q 协议。目前，不同国家电话公司的 ISDN 网络使用不同的交换机类型，它们在总的工作方式上符合 CCITT 公布的 Q 协议，物理接口也符合 I 协议，但是存在诸如电话呼叫等方面的微小差别。

我们常见的交换机类型有美国和加拿大使用的 AT&T 公司的 5ESS 和 4ESS，北方电信公司的 DMS-100。在法国使用的是 VN2，VN3 型交换机。日本的交换机类型是 NTT，英国的是 Net3。

我们在使用 ISDN 网络作为自己局域网互连的公共服务网的时候，需要了解提供连接线路服务的电话公司使用哪种 ISDN 交换机，以对局域网最外端设备路由器做相应配置。经过正确配置的路由器才能与 ISDN 网的最外端交换机正确通信。

ISDN 从 20 世纪 60 年代末开始研究，70 年代就有电话公司投入使用。但是其网络规模和业务量是从 1993 年迅速发展起来的。我国目前的 ISDN 网络覆盖了全国主要城市，并与日本、美国、韩国等国的 ISDN 网建立了连接。

## 9.4 帧中继网

帧中继网络是目前局域网互连综合性能（可靠性、价格、传输速度、网络延时、响应时间、吞吐量、覆盖面等）最好的公共网络，可提供高达 45 Mb/s 的高速数据传输。帧中继网络正在逐渐替代 DDN 网络，成为局域网互连的主要公共服务网络。

帧中继公共网络最早是在 1992 年在美国投入公共服务。我国从 1996 年年底由中国电信（现在的电信和联通）开始建设 ChinaFRN，其一期主干网络于 1997 年 6 月建设完成，覆盖北京、上海、广州、沈阳、武汉、南京等 21 个省会城市，并在北京、上海和广州建立了国际出口，与其他国家的帧中继网络相连。目前，我国的 ChinaFRN 已经延伸到几乎所有地级市，部分地区甚至延伸到县级市，覆盖面非常广泛。

### 9.4.1 帧中继网络的构造

帧中继网络是由帧中继交换机组成的一个跨地域的大型网络。帧中继网络的核心是帧中继交换机，是一个工作在链路层的网络设备。帧中继交换机之间使用光纤连接，采用时分多路复用的方式提供多条虚电路，如图 9.15 所示。

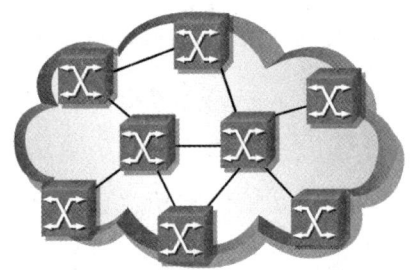

图 9.15 帧中继由帧中继交换机组成的一个大型网络

帧中继网络是一个分组交换网，在帧中继交换机之间传输的数据报是与局域网一样带有帧报头的数据帧。帧中继数据帧的报头格式如图 9.16 所示。

| 1字节 | 2字节 | 最大1 500字节 | 2字节 |
|---|---|---|---|
| 起始标记 | DLCI地址标志位 | DATA | FCS校验 |

图 9.16 帧中继的报头格式

帧中继报头的头一个字节是 01111110 的二进制序列，标明一帧数据的开始。第二个字段是 16 位的地址字段，其中的 DLCI 地址占 10 位。另外还有 3 个标志位，分别是向前拥挤标志位 FECN、向后拥挤标志位 BECN 和丢弃标志位 DE。

DLCI 地址是交换机识别虚电路使用的虚电路号（own Data Link Channel Identifier）。帧中继交换机使用 DLCI 地址进行数据报转发的工作原理如图 9.17 所示。

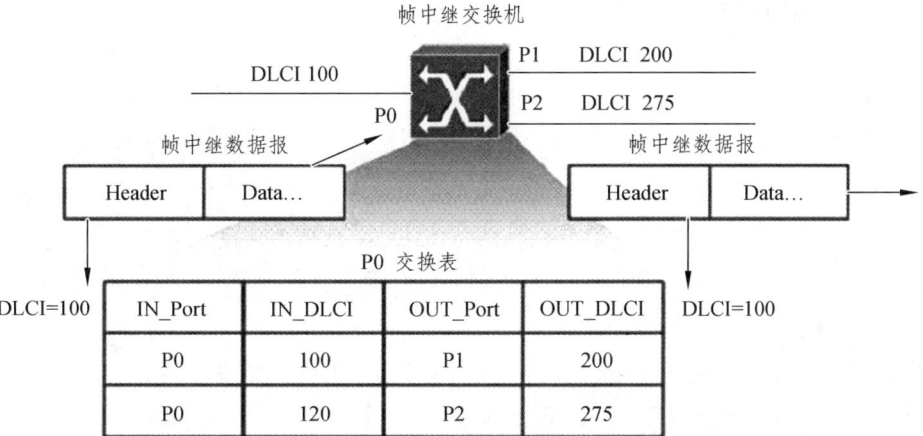

图 9.17 帧中继交换机的工作原理

帧中继交换机与以太网交换机一样，拥有一个交换表。数据报进入端口后，交换机从帧报头的地址字段取出 DLCI 地址，查交换表就可以得知应该向哪个端口转发。

与以太网交换机不同的是，由于 DLCI 地址只在一对交换机之间的链路上有效，所以，帧中继交换机在向另外一个端口转发数据报时，需要重新封装帧报头，如图 9.18 所示。

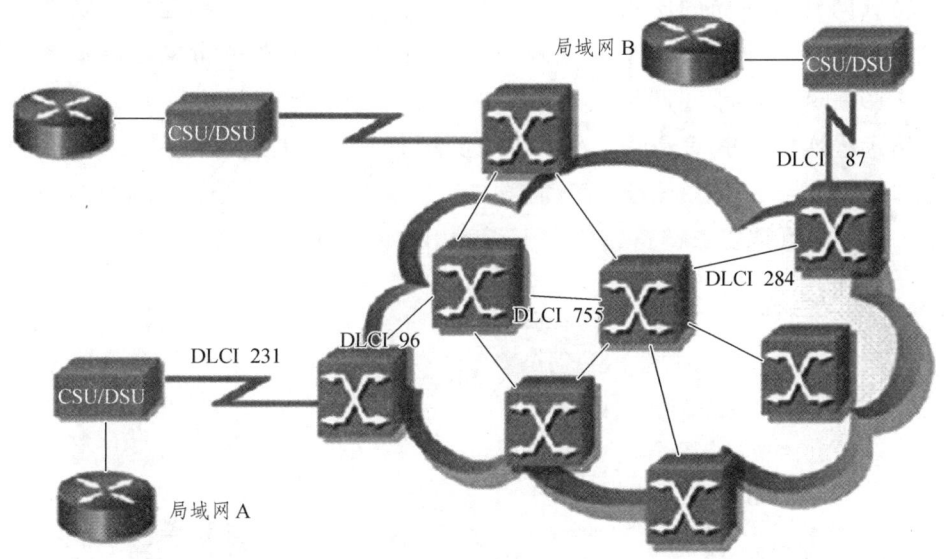

图 9.18 帧中继网络中的一条虚电路

从图 9.18 可以看出，帧中继网络中的一条虚电路需要有一系列 DLCI 地址标识。当用户向电话公司租用了一条由局域网 A 至局域网 B 的虚电路时，电话局要为这条虚电路沿途分配一系列 DLCI 地址。例如这条局域网 A 至局域网 B 的虚电路，使用 231、96、755、284、87 五个 DLCI 地址来标识。

帧中继交换机完成数据包转发的关键是数据报报头中的 DLCI 地址和交换机内的交换表。只是帧中继报头中只有一个 DLCI 地址，用来标识虚电路号。而以太网帧报头中有两个 MAC 地址，用来表示通信的两端。

### 9.4.2 帧中继网络的虚电路

帧中继网络把它的每对交换机之间的连接线路采用时分多路复用方式划分为多条虚电路，带宽低的虚电路（如 64 kb/s）分配的时隙少，带宽高的虚电路（如 2 Mb/s）分配的时隙则多。

虚电路（Virtual Circuit）是一条客观存在的通信线路，但是在物理上又无法独立存在。一条物理线路可以分解为多条虚电路。显然，一条物理线路承载的虚电路越多，每个虚电路的传输速度带宽就越小。

电话公司是通过出租虚电路的方式向用户提供远程连接服务的。

当用户提出向电话公司租用一条 128 kb/s 的虚电路时，电话局称这个带宽为承诺信息速率（Committed Information Rate，CIR）。CIR 是用户向电话公司租用的线路传输速度，电话公司需要保证提供这样的传输速度。电话公司在保证用户的 CIR 带宽的前提下，如果用户的数据发送速度超过 CIR。这时，帧中继网络将占用其他用户的空闲时隙来为用户传送。但超出 CIR 带宽的那部分数据，网络将只按尽力而为的转发策略提供转发。

用户局域网到电话局的本地线路上的数据传输速度称为链路速率。链路速率是用户和帧中继网络之间线路的速率，进入帧中继网络的最大数据量受链路速率的限制。

在图 9.19 的例子中，B 网络租用两条虚电路（DLCI=44 和 DLCI=52）分别与 A 网络和 C 网络远程连接。也就是说，在电话局至网络 B 的本地连接线路上承载着两条虚电路。显然，本地连接线路上的链路速度需要等于或高于所租用的两条虚电路的 CIR 之和。一般情况下，人们总是要求链路速度高于所租用的两条虚电路的 CIR 之和的 2 到 3 倍。

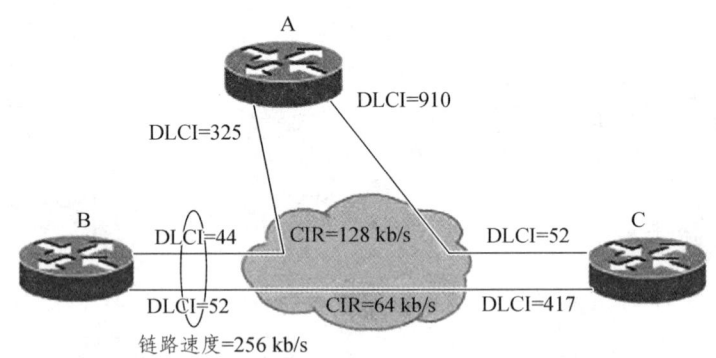

图 9.19 帧中继网络中的链路速率和承诺速率

### 9.4.3 DLCI 地址

当用户向电话公司租用了一条由局域网 A 至局域网 B 的虚电路时，电话局要为这条虚电路沿途分配一系列 DLCI 地址。一条虚电路是由一系列 DLCI 地址标识出来的。

DLCI 地址是一个 10 比特位的编码，由于它是一个"本地地址"，只标识一段线路上的某条虚电路，只在这段线路上唯一。所以，10 比特位的 DLCI 地址能为 1024 条虚电路编码，在用户至电话局和帧中继交换机之间的"本地线路"上是够用的。

但是，根据国际电信联盟电信标准化机构 ITU-T 和美国国家标准协会 ANSI 的规定，只有 16 到 991 的 DLCI 地址是分配给出租线路的，其他的 DLCI 地址保留给用户至电话局和帧中继交换机之间传输控制信号的虚电路使用。

### 9.4.4 帧中继报头中的标志位

从图 9.16 帧中继的报头格式我们知道，帧中继技术需要使用 3 个标志位：向前拥挤标志位 FECN、向后拥挤标志位 BECN 和丢弃标志位 DE。

在数据刚被发送的时候，FECN 和 BECN 都被设置为"0"，表示没有拥挤。当一个数据帧在帧中继网络中的某个交换机上遇到了阻塞，该交换机就会把 FECN 置为"1"，用来告诉目标计算机本帧数据经历了拥塞。同时，交换机会把相反方向的数据帧的 BECN 也置为"1"，用来告诉源计算机，在本帧传送的相反方向上出现了数据阻塞。

FECN 和 BECN 是由发现拥堵的帧中继交换机置位的，如图 9.20 所示。

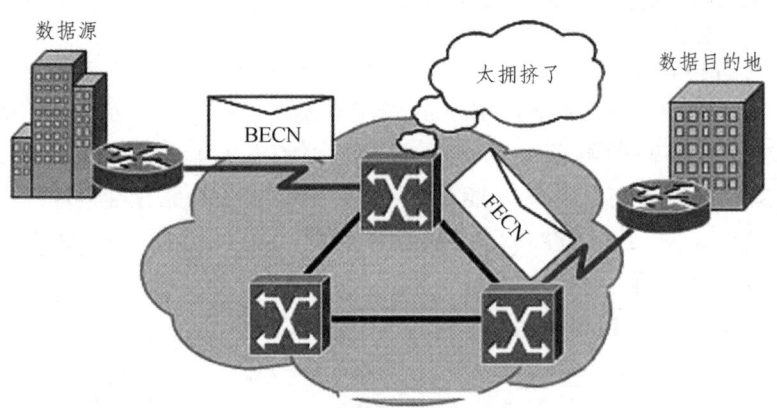

图 9.20 帧中继报头中的 FECN 和 BECN

帧中继技术的前身 X.25 网络是需要在链路层也进行流量控制的。帧中继技术实施的一个重要改进就是放弃在链路层进行流量控制和出错重发，以去掉复杂机制换取更高的吞吐量。因此，帧中继技术对于流量拥挤只是简单地标识出拥挤事件，而不做任何处理。

丢弃标志位 DE 是这样使用的：数据被发送的时候，那些超过承诺信息速率 CIR 的数据帧，其丢弃标志位 DE 被置为"1"。当交换机无法挪用足够的其他用户的空闲带宽传输这些数据时，丢弃标志位 DE 置为"1"的数据将被丢弃。

### 9.4.5 本地管理接口 LMI（Local Management Interface）

帧中继提供了一个在帧中继交换机和帧中继数据终端设备（路由器）之间的简单的信令协议 LMI。帧中继交换机和路由器之间交换信息依靠 LMI 报文包传送。

DLCI 地址为 16～991 的包，则是正常的数据包。如果帧中继交换机收到路由器，或路由器收到帧中继交换机一个 DLCI 地址为这个 DLCI 地址范围外（如 1023）的包时，便可辨别出这是一个 LMI 包，它不是待传输的数据，而是通信控制信息，只需要帧中继交换机或用户路由器来解读。

目前有三个并存的 LMI 协议。

- Cisco：这是由 Cisco 公司、StrataCom 公司、Northern Telecom 公司和 DEC 公司联合制订的协议。使用 DLCI 地址 1023 作为控制信息传输的专用虚电路。
- Ansi：美国国家标准协会 ANSI 制订的协议。使用 DLCI 地址 0 作为控制信息传输的专用虚电路。
- Q933a：国际电信联盟电信标准化机构 ITU-T。使用 DLCI 地址 0 作为控制信息传输的专用虚电路。

DLCI 地址为 1 008 至 1 022 被 ITU-T 和 ANSI 保留，用于将来的 LMI 通信使用。Cisco 公司则已经使用 1 019 至 1 022 这些虚电路作为其帧中继组播。

### 9.4.6 连接局域网到帧中继网络

当用户与电话公司签订完线路租用协议后，电话公司将负责在帧中继线路两端，把本地连接电缆从电话公司铺设到用户的指定位置，并发放一个 CSU/DSU 设备给用户。CSU/DSU 设备是帧中继网络的最外端设备 DCE，由电话公司负责调试通帧中继线路两端的 CSU/DSU 设备。用户需要做的工作是把自己的路由器（DTE）使用串口（通常是 V.35）连接到 CSU/DSU 设备上，然后配置好自己的路由器，便完成了连接工作，并可以使用租用的线路了。

路由器与帧中继网络的连接如图 9.21 和图 9.22 所示。

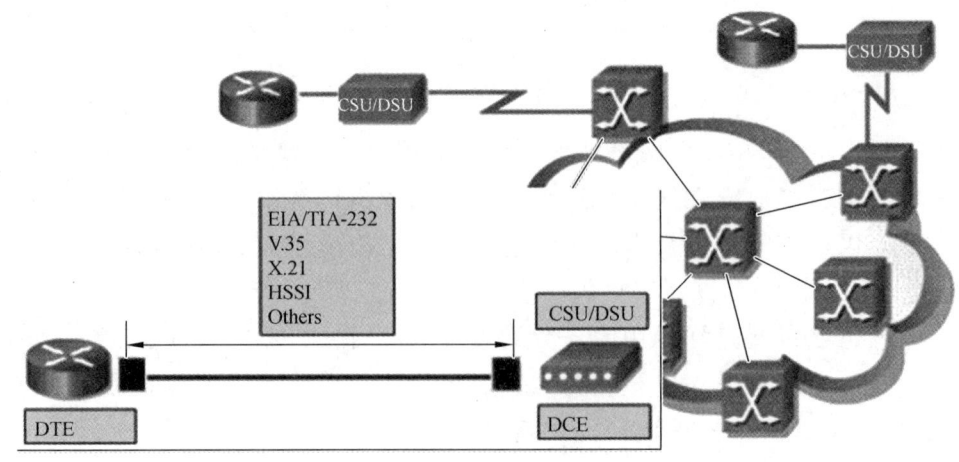

图 9.21　与帧中继网络的连接

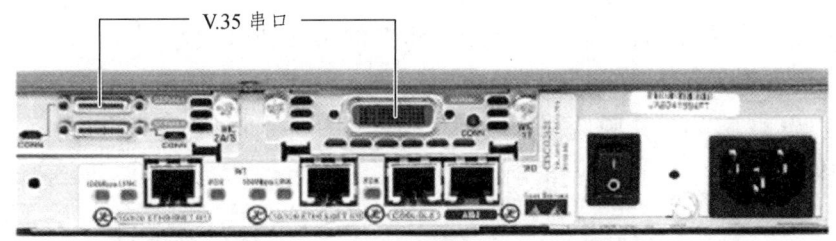

图 9.22 路由器的 V.35 串口

路由器在以太网和帧中继网络之间转发数据的原理如图 9.23 所示。

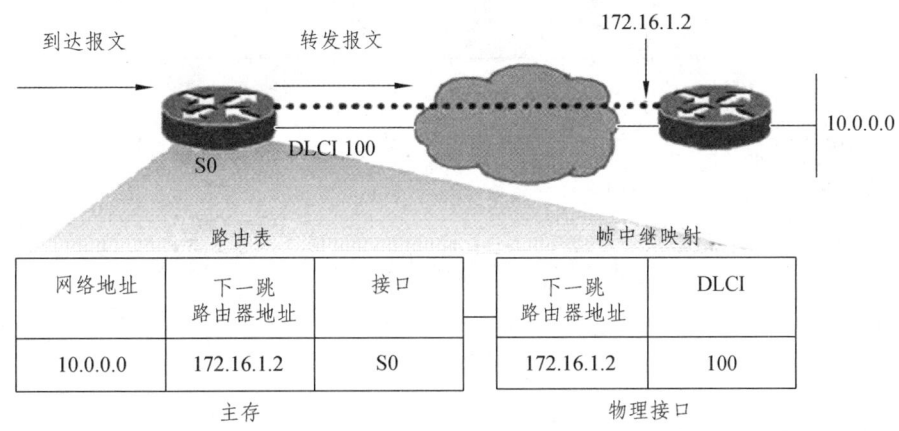

图 9.23 路由器在帧中继转发过程中的工作原理

在图 9.23 的例子中，左侧的局域网通过租用帧中继线路与"10.0.0.0"网络连接。左侧路由器需要建立一个帧中继地址映射表，记录前往"10.0.0.0"网络的下一条路由器端口"172.16.1.2"需要通过 DLCI 地址为 100 的虚电路传输。

当路由器收到一个需要前往"10.0.0.0"网络的数据报时，通过查询路由表，得知这个数据报需要通过自己的 S0 端口转发。当它查询自己的配置文件得知这个 S0 端口封装的是帧中继协议时，便查询帧中继地址映射表，取出 DLCI 地址（100），封装上帧报头，发送给 CSU/DSU。CSU/DSU 设备会将这个数据报发送到帧中继网络的第 100 号虚电路中。

路由器在这里查询帧中继地址映射表与在以太网时查询 ARP 表的性质完全相同，都是为了获得封装报头所需要的链路层地址。

图 9.24 是一个完整的连接帧中继网络的路由器的配置例子。例子中使用了 6 条路由器配置命令。

① 第一条命令声明后续 5 条是针对串口 S1 的配置命令；
② 第二条命令为 S1 端口配置 IP 地址；
③ 第三条命令声明这个串口封装帧中继协议；

④ 第四条命令确定 S1 端口的链路速率；
⑤ 第五条命令通知路由器选择 ANSI 标准的 LMI 协议；
⑥ 第六条命令填写帧中继地址映射表，把下一跳路由器的 IP 地址"10.16.0.2"与所租用的虚电路号 110 关联起来。

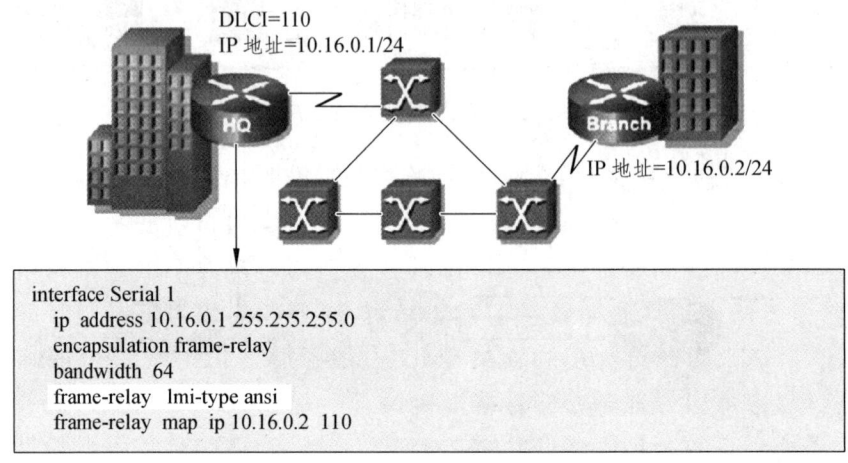

图 9.24　配置帧中继路由器

# 第 10 章　互联网接入技术

互联网接入是指将用户端计算机或局域网与 Internet 网络的连接。互联网接入技术是目前网络技术研究和应用的热点，以非对称数字用户线 ADSL 和电缆调制解调器 Cable Modem 为代表的、利用已建网络的接入技术成为目前的主导技术。

## 10.1　非对称数字用户线 ADSL

ADSL（Asymmetric Digital Subscriber Line）是非对称数字线路缩写，是在普通电话线上传输高速数字信号的技术。ADSL 通过利用普通电话线 4 kHz 以上频段，在不影响 3 kHz 以下频段原有语音信号的基础上传输数据信号，扩展了电话线路的功能。ADSL 是一种新的在传统电话电缆上同时传输电话业务与数据信号的技术。非对称型铜线接入网技术 ADSL，可以在一条电话线上进行上行（从用户端至互联网）640 kb/s 到 1 Mb/s，下行（从互联网到用户端）1～8 Mb/s 速度的数据传输，传输距离可达到 3～5 km 而不用中继放大。由于 ADSL 这种传输速度上非对称的特性与 Internet 访问数据流量非对称性的特点，所以是众多的 xDSL 技术中最普及的高速 Internet 接入的技术。

ADSL 的优势如下。

① 利用覆盖最广的电话网将一台或多台计算机连接到 INTERNET。
② 获得远高于传统电话 Modem 的传输带宽。
③ 数据通信时不影响语音通信。

ADSL 是 DSL（Digital Subscriber Line 数字用户线路，以铜质电话线为传输介质的传输技术组合）技术的一种。

### 10.1.1　ADSL 的体系结构

电话线铜缆理论上有接近 2 MHz 的带宽，语音通信只使用了 0～4 kHz 的低频段，ADSL 通过频分多路复用技术，把高速数据通信信号加载到电话线的 26 kHz 以上频段。这样，在电话线路上可以完成语音、下行数据和上行数据三路信号的同时传输，如图 10.1 所示。

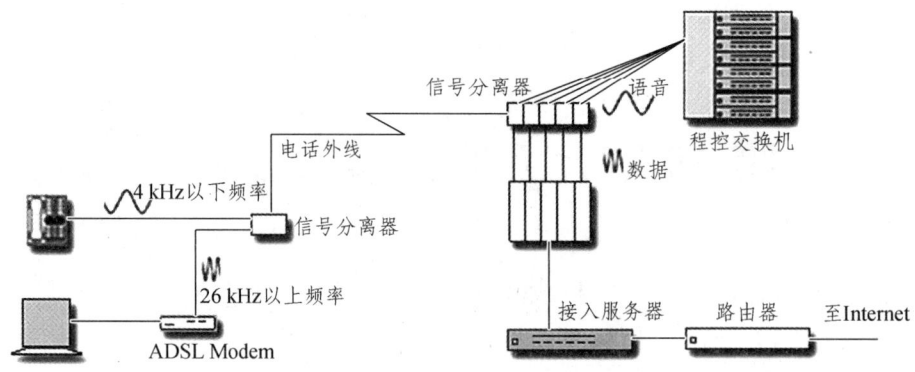

图 10.1　ADSL 的体系结构

在用户侧，电话线先接入信号分离器，经信号分离器将 4 kHz 以下频率段的语音信号送电话机。26 kHz 以上的频率部分送 ADSL Modem。ADSL Modem 对信号解调成数字信号后，通过以太网连线，与计算机的网卡相连接。

交换局侧的信号分离器将语音信号分离出来后，送程控交换机原接线端，保持原电话号码不变。高频部分的数据信号送接入服务器。ADSL Modem 同时具有多路复用功能，各条 ADSL 线路传来的信号在 DSLAM 中进行复用，通过高速接口向主干网侧的路由器等设备转发到 Internet。

### 10.1.2　ADSL 的信道

ADSL 通过频分多路复用技术，在电话线路上划分出三个信道，分别传输语音、上行数据和下行数据。语音通信使用 0～4 kHz 的低频段，是一个双向的信道。发向 Internet 的上行数据和来自 Internet 的下行数据，使用 26 kHz（到 2 MHz）以上频段设置的两个数据信道，如图 10.2 所示。

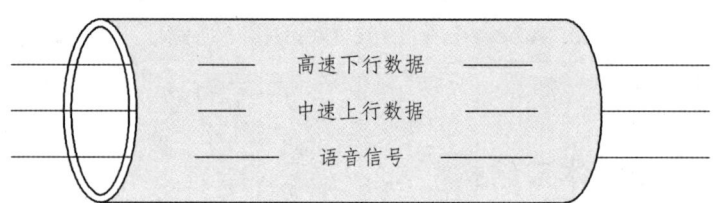

图 10.2　ADSL 的信道

### 10.1.3　ADSL 的主要设备

ADSL 技术的核心是信号分离器、ADSL Modem 和 DSLAM 这三种设备。

### 1. 信号分离器（Splitter）

信号分离器用于把低频语音信号与较高频率的上行数据信号合成到电话线上。同时，将电话线上的下行信号与语音信号分离开来，分别送往电话机和 ADSL Modem。信号分离器如图 10.3 所示。

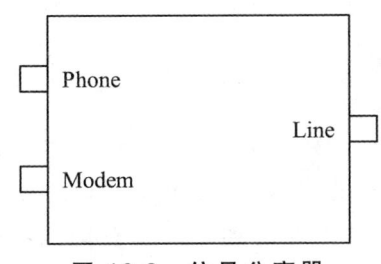

图 10.3　信号分离器

信号分离器实际上是一个简单由电感线圈和电容器组成的无源器件，由低通滤波器和高通滤波器组成。因此，信号分离器又叫滤波器。电话线上 0～4 kHz 的语音信号由低通滤波器取出，送电话机。下行信号由高通滤波器取出，送 ADSL Modem。

### 2. ADSL Modem

数字信号要利用有限频带宽度的电缆传输，就需要使用 Modem 调制到正弦波上，再进行传输。在接收端，还需要 Modem 将正弦波表示的数字信号解调成为 0、1 变化的方波信号。

ADSL Modem 不仅完成方波数字信号与正弦波信号之间的调制和解调任务，还需要考虑频分多路复用，把上、下行信号分配到 26 kHz 至 2 MHz 中的两个不同频段上。

目前国内华为、速捷等厂家生产的 ADSL Modem 均内置信号分离器，因此 ADSL Modem 可以直接连接电话外线。这样的 ADSL Modem 提供 3 个端口。两个 RJ11 端口分别接电话外线和电话机，RJ45 端口经普通 UTP 电缆连接到计算机的以太网卡上。由于 ADSL Modem 的 RJ45 端口也是安排 1、2 脚是发送端，3、6 脚为接收端，所以 UTP 电缆的两端接线是交叉的，与计算机对计算机连接的交叉 UTP 电缆完全相同。ADSL Modem 的连线如图 10.4 所示。

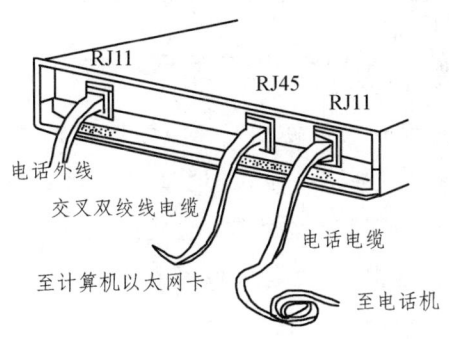

图 10.4　ADSL Modem 的连线

## 3. DSLAM

电话局端的 DSLAM 设备是一组 ADSL Modem 构成的调制解调组，完成电话机端的信号调制解调任务。DSLAM 设备中的 ADSL Modem 与用户端的 ADSL Modem 组成电话线路两侧的、一对互逆的、调制解调器对，实现"数字信号→正弦波信号→数字信号"的转换工作。

### 10.1.4 ADSL 数据封装

ADSL 技术用于将用户数据报转发至 Internet 和将 Internet 数据报转送到用户计算机。ADSL 技术集中表现在用户计算机和电信运营商的接入服务器之间，在这之间的数据报是使用一个全新的协议：PPPoE。

PPPoE 全称是 Point to Point Protocol over Ethernet（基于以太网的点对点通信协议）。PPPoE 是两个已经在广泛使用的协议的合成：局域网 Ethernet 和 PPP 点对点拨号协议。通过把最经济的以太网技术和点对点协议的可扩展性及管理控制功能结合在一起，继承了以太网的快速和 PPP 拨号简单、用户验证、IP 分配等优势。通过 PPPoE，网络服务提供商和电信运营商便可利用可靠和熟悉的技术来加速部署高速互联网接入业务。

从图 10.5 可以看出，PPPoE 报头是由三部分组成，两端是完整的以太网报头和 PPP 报头。因此，PPPoE 封装也可以是看作对 PPP 数据报作了进一步的封装。由于前 14 个字节是标准的以太网帧报头，PPPoE 数据报在以太网中传输的时候，以太网交换机、计算机完全以为这就是一个标准的以太数据帧。

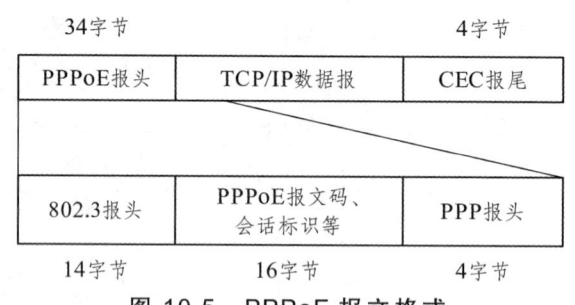

图 10.5　PPPoE 报文格式

PPPoE 这样封装数据报就成功地使用了 MAC 地址作为链路层地址。在图 10.1 中的接入服务器与用户的计算机之间靠 MAC 地址来互相识别，而不管它们的距离有多远。接收计算机从以太网报头的第三个字段"上层协议类型"中的编码 0x8863 可以识别这是一个 PPPoE 封装的数据报。（我们可以回忆第二章 2.1.6 中，0x0800 是 IP 协议，0x0806 是 ARP 协议）

PPPoE 报头中间的 PPPoE 报文码和会话标识号我们将在下文来讨论。

## 10.1.5 ADSL 接入服务的连接建立

用户通过 ADSL 接入 Internet，首先要与电信运营商的接入服务器建立连接，申请获得接入服务。这个工作是分两步进行的。
① 接入服务器发现；
② 用户认证。

"接入服务器发现"阶段，用户通过发送 PPPoE 请求报文，在用户计算机和电信运营商的接入服务器之间建立起 PPPoE 的连接，然后在"用户认证"阶段，完全由 PPP 协议来进行用户认证工作。接入服务建立过程如图 10.6 所示。

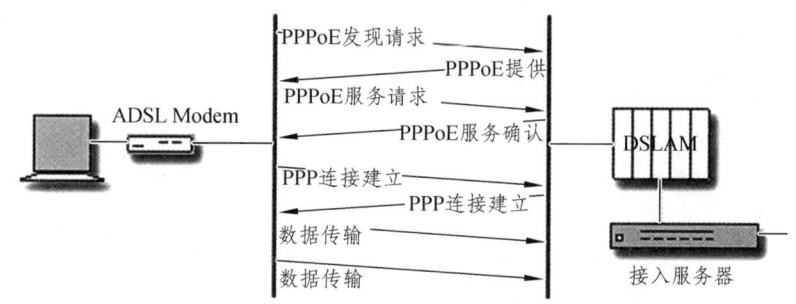

图 10.6 接入服务请求与应答的过程

在图 10.6 中的前 4 个数据报交换，是"接入服务器发现"阶段。在这个阶段完成如下动作。

① 用户计算机发"PPPoE 发现请求"广播报文（PADI 包），寻找能够提供 ADSL 接入服务的服务器。

② 接入服务器（一个或多个）收到广播后，若能提供接入服务，发"PPPoE 提供"报文（PADO 包）给用户计算机，表明自己可以为用户提供接入服务。

③ 用户计算机收到接入服务器的响应后，便发出"PPPoE 连接请求"报文（PADR 包），请求接入服务器提供 PPPoE 的连接。

④ 接入服务器收到"PPPoE 连接请求"后，通过"PPPoE 连接确认"报文（PADS 包），确认与用户计算机的 PPPoE 连接。这时，接入服务器会为这次与用户计算机的连接分配一个会话标识号 Session ID，双方在这个连接上的数据报都要在 PPPoE 报头中使用这个标识号（见图 10.5）。

经过上述两组 4 个 PPPoE 数据报的交换，用户计算机便与接入服务器建立起来了 PPPoE 连接。然后，双方进入 PPP 会话阶段。

进入 PPP 会话阶段，并不代表接入服务器同意为用户提供 Internet 接入服务。需要使用 PPP 的用户认证成功后，接入服务器才会在双方建立的 PPP 连接上传输数据。

在"接入服务器发现"阶段的 4 个数据报，其 PPPoE 报头中的报文码（见图 10.5）

依次是：0x09、0x07、0x19、0x65。发现阶段结束，进入 PPP 会话阶段后，所有 PPPoE 报头中的报文码将填写为 0x00。

### 10.1.6 PPPoE 协议软件

ADSL 接入技术使用 PPPoE 协议。而 PPPoE 协议是 1998 年后期由 Redback 网络公司、RouterWare 公司以及 Worldcom 的子公司 UUNET Technologies 公司在 IETF RFC 的基础上联合开发出来的。微软公司开发 Windows98、Windows NT 和 Windows 2000 的时候，PPPoE 协议还没有问世。因此，在使用这些操作系统的计算机上，就需要另外安装 PPPoE 软件。

目前最常用的，基于 Windows 操作系统的 PPPoE 软件有 EnterNet300、WinPoET 和 RASPPPoE，它们都完全支持 Windows98、Windows NT 和 Windows 2000。

- EnterNet300：由 Efficient Networks 公司开发，是最流行的 PPPoE 驱动软件，中国电信、中国联通等大 ISP 都选择它提供给用户。它具有独立的 PPP 协议，可以不依赖操作系统。

EnterNet300 的拨号界面如图 10.7 所示。

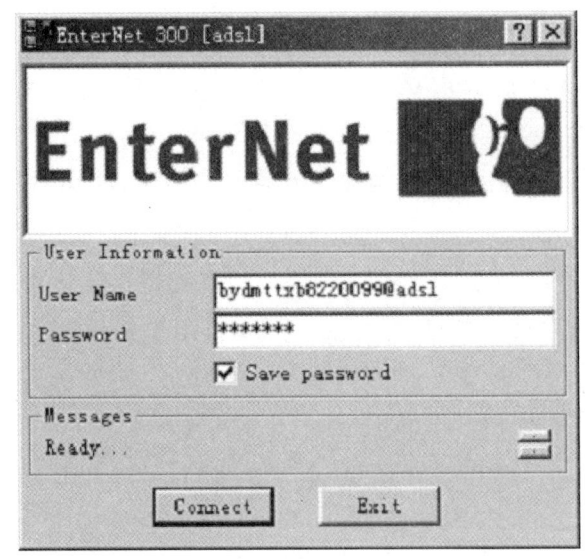

图 10.7　EnterNet300 的拨号界面

- WinPoET：由 WindRiver 公司开发，该公司同时也是 PPPoE 协议起草者之一。WinPoET 需要通过操作系统自身的 PPP 拨号协议来支持完成 PPPoE 的连接，也是许多 ISP 首选的 PPPoE 软件。

- RASPPPoE：是一个由个人开发的免费软件。它小巧精干，没有自己的界面和连接程序，只是一个协议驱动程序，完全依靠标准的拨号网络来合作工作连接 ISP，它在使用上完全和老式 MODEM 一样简单。它其实就是 EnterNet，使用上也完全一样，只是打上了 BELL 加拿大 ISP 部 Sympatico 的商标，并略微做了修改。

Windows XP 在开发时 PPPoE 协议已经发布，因此已经套装了 PPPoE 软件，不用另行安装。此外，ISP 也可能给用户提供其他的 PPPoE 软件。

### 10.1.7 局域网的 ADSL 接入

图 10.8 的例子中，使用代理服务器来用 ADSL 将局域网接入到 Internet。代理服务器是一台普通的计算机，安装 Sygate 4.0 Office Network 软件，作为局域网中其他计算机连接 Internet 的默认网关。作为接入代理的计算机需要安装两块网卡，一块连接 ADSL Modem，配置连接服务商提供的公开 IP 地址"193.125.22.96"。另外一块网卡接入局域网中的以太网交换机（或 HUB），配置内部 IP 地址"210.12.50.1"。

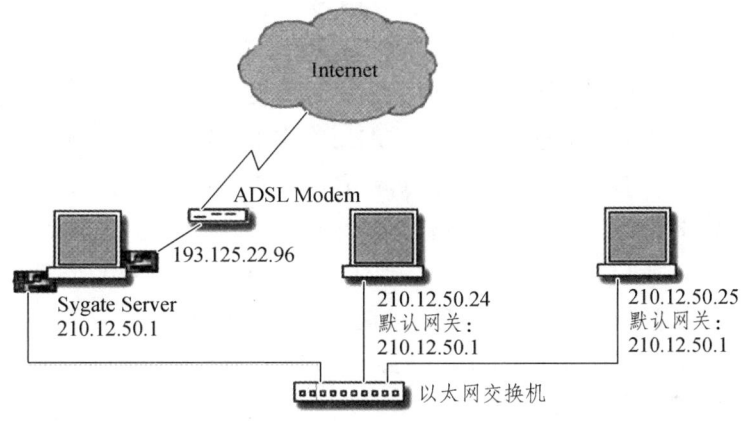

图 10.8　通过代理接入 Internet

客户端设置很简单，不需要安装任何软件，只需要设置网卡的网关和 DNS 为代理服务器上面连接局域网的那块网卡的 IP 地址即可。（如果服务器打开了 DHCP 服务，则客户端可设置本计算机 IP 为自动获取。）客户端也可以安装 Sygate 并选择客户端模式安装，由 Sygate 自动配置。

除了 Sygate，Wingate 也是常用的代理服务器软件。

## 10.2　电缆调制解调器 Cable Modem

我国与其他发达国家比较起来，有线电视的普及率最高，到 2003 年已经接近 1 亿用户，我国已经建成世界第一大有线电视网。这样一个最宝贵的资源用于 Internet 的宽带接入具有广泛的应用前景。

Cable Modem 是一种可以通过有线电视网络进行高速数据接入的技术。有线电视使用的同轴电缆通常具有 550 MHz 的频响特性，一些新建小区的电视电缆达到了

700 MHz，甚至 900 MHz，远远超过电话电缆 2 kHz 的频带宽度，因此非常适合传输数据。

Cable Modem 技术在 Internet 接入中，提供双向的高速数据传输，而不影响电视节目的传送。Cable Modem 技术的下行速率可达 30 Mb/s，上行传输速率为 512 kb/s 或 2.048 Mb/s。原来用 ISDN 需要 2 min 从 Internet 下载的数据，使用 Cable Modem 只需要 2 s 就可以完成。

### 10.2.1　Cable Modem 的体系结构

Cable Modem 是一种可以通过有线电视网络进行高速数据接入的装置。它一般有两个接口，一个用来接室内墙上的有线电视端口，另一个与计算机相连。Cable Modem 不仅包含调制解调部分，它还包括电视接收调谐、加密解密和协议适配等部分。Cable Modem 甚至还可以集成路由器、网络控制器或集线器在同一个设备中。

Cable Modem 要在两个不同的方向上接收和发送数据，把上、下行数字信号用不同的调制方式调制在双向传输的某一个 6 MHz（或 8 MHz）带宽的电视频道上。标准有线电视电缆为 750 MHz 带宽，每个普通频道使用 8 MHz 带宽。Cable Modem 传输模式下，可以占用其中的一个或多个频道传输数据信号。Cable Modem 把上行的数字信号转换成模拟射频信号，类似电视信号，所以能在有线电视网上传送。接收下行信号时，Cable Modem 把它转换为数字信号，以便计算机处理。

Cable Modem 的体系结构如图 10.9 所示。

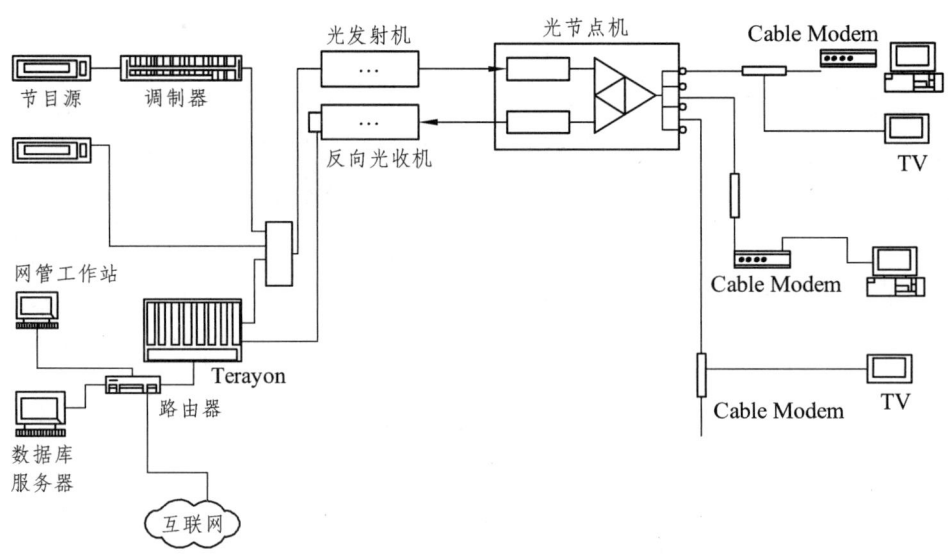

图 10.9　Cable Modem 的体系结构

在有线电视前端，Cable Modem 终端系统（CMTS）接收来自 Internet 的下行数据，转换成模拟射频信号后，与电视节目信号混合，通过光发射机、光缆、光节点机、电视电缆,传送到用户的 Cable Modem。来自用户的上行数据,在用户小区的前端被滤波器件从电视电缆中取出,通过光节点机、光缆、反向光收机,送到 Cable Modem 终端系统(CMTS),解调后送入 Internet。

Cable Modem 的传输速度一般可达 3~50 Mb/s,距离可以是 100 km 甚至更远。Cable Modem 终端系统(CMTS)能和所有的 Cable Modem 通信,但是 Cable Modem 只能和 CMTS 通信。如果两个 Cable Modem 需要通信,那么必须由 CMTS 转播信息。

### 10.2.2　Cable Modem 的传输模式

Cable Modem 的传输模式分为对称式传输和非对称式传输。

#### 1. 对称式传输

所谓对称式传输是指上/下行信号各占用一个普通频道 8 MHz 带宽,上/下行信号可能采用不同的调制方法,但用相同传输速率(2~10 Mb/s)的传输模式。在有线电视网里利用 5~30(42) MHz 作为上行频带,对应的回传最多可利用 3 个标准 8 MHz 频带:500~550 MHz 传输模拟电视信号;550~650 MHz 为 VOD(视频点播);650~750 MHz 为数据通信。利用对称式传输,开通一个上行通道(中心频率 26 MHz)和一个下行频道(中心频率 251 MHz)。上行的 26 MHz 信号经双向滤波器检出,输入给变频器,变频器解出上行信号的中频(36~44 MHz)再调制为下行的 251 MHz,构成一个逻辑环路,从而实现了有线电视网双向交互的物理链路。

#### 2. 非对称式传输

由于用户对 Internet 发出请求的信息量远远小于从网上下载数据的下行量,上行通道的需求远远小于下行通道。如果 Cable Modem 也采用这种非对称式的传输,既能满足客户的要求,又能解决上行信号的噪声问题。

频分复用、时分复用的配合加上新的调制方法,每 8 MHz 带宽下行速率可达 30 Mb/s,上行传输速率为 512 kb/s 或 2.048 Mb/s。很明显,非对称式传输最大的优势在于提高了下行速率,并极大地满足 Internet 接入的客户需求。相对应的非对称式传输的前端设备较为复杂,它不仅有对称式应用中的数字交换设备,还必须有一个线缆路由器(Cable Router),才能满足网络交换的需要;而对称式传输中执行的 IEEE802.4 令牌网协议在同一链路用户较少时还能达到设计速率,当用户达到一定数量时,其速率迅速下降,不能满足客户多媒体应用的需求。此时,非对称式传输就比对称式传输有了更多更大的应用范围,它可以开展电话、高速数据传输、视频广播、交互式服务和娱乐等服务,它能最大限度地利用可分离频谱,按客户需要提供带宽。

# 第 11 章　网络管理与网络安全

网络管理需要完成的主要任务是监视网络设备的运转、判断网络运行的质量、进行故障诊断与排除和重新配置网络设备。一个高效率工作的网络离不开有效的网络管理，网络管理是重要的网络技术之一。

在进行网络管理的同时，还需要使用专门的技术来保护网络安全，以防止对网络的恶意攻击，保障数据信息泄露。

本章将针对上述任务介绍较常用的网络管理技术和网络安全技术。

## 11.1 SNMP 管理协议

最早的简单网络管理协议 SNMP（Simple Network Management Protocol）发布于 1988 年。SNMP 协议提出了对网络实施监控管理的技术方案。几乎所有大型网络厂商（如 CISCO、3COM、HP、IBM、Sun、Prime、联想、实达等公司）都在自己的网络设备中安装 SNMP 部件，支持 SNMP 协议。

SNMP 协议在功能上规定要从一台或多台网管工作站上远程监控网络的运行参数和设备状态，这包括：网络拓扑结构；设备端口流量、错包和错包数量情况、丢包和丢包数量情况；设备和端口的连接状态、VLAN 划分情况、帧中继和 ATM 网络情况；服务器 CPU、内存、磁盘、IPC、进程、网络使用情况；服务器日志情况、应用响应情况、SAN 网络情况等。

SNMP 协议还规定实现设备和端口的关闭、划分 VLAN 等远程设置功能。

图 11.1 是 SNMP 的体系结构。SNMP 的管理模型包括四个关键元素：网管工作站、SNMP 代理、管理信息库 MIB 和 SNMP 通信协议。

SNMP 协议规定整个系统必须有一台网管工作站，通过网络设备中的 SNMP 代理程序，网络设备中的设备类型、端口配置、通信状况等信息定时传送给网管工作站，再由网管工作站以图形和报表的方式描绘出来。

### 1. SNMP 网管工作站

SNMP 网管工作站是网络管理员与网络管理系统的接口，它实际上是一台运行特殊管理软件（如 HP NetView、CiscoWorks 等）的计算机。SNMP 网管工作站运行一个或多个管理进程，它通过 SNMP 协议在网络上与网络设备中的 SNMP 代理程序通信，发送命令并接收代理的应答。网管工作站通过获取网络设备中需要监控的参数值来实现网络资源监视，也可以通过修改设备配置的值来使 SNMP 代理修改网络设备上的配置。许多 SNMP 网管工作站的应用进程都具有图形用户界面，提供数据分析、故障发现的功能，网络管理者能方便地检查网络状态并在需要时采取行动。

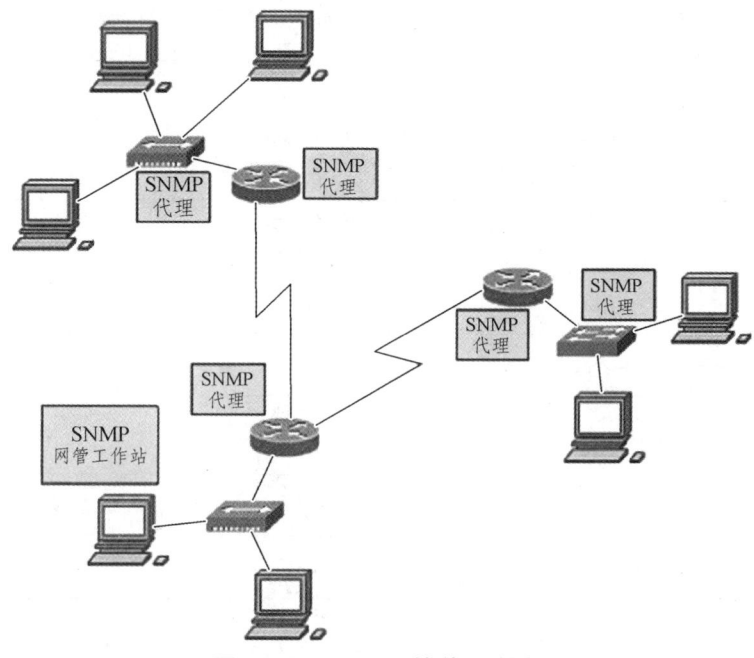

图 11.1　SNMP 的体系结构

### 2. SNMP 代理

网络中的计算机、路由器、网桥和交换机等都可配置 SNMP 代理程序，以便 SNMP 网管工作站对它进行监控或管理。每个设备中的代理程序负责搜集本地的参数（设备端口流量、错包和错包数量情况、丢包和丢包数量情况等）。SNMP 网管工作站通过轮询广播，向各台设备中的 SNMP 代理程序索取这些被监控的参数。SNMP 代理程序对来自 SNMP 网管工作站的信息查询和修改设备配置的请求作出响应。

SNMP 代理程序同时还可以异步地向 SNMP 网管工作站主动提供一些重要的非请求信息，而不等轮询的到来。这种被称为 Trap 的方式，能够及时地将诸如网络端口失效、丢包数量超过警戒阀值等紧急信息报告给 SNMP 网管工作站。

SNMP 网管工作站可以访问多台设备的 SNMP 代理，接收来自多个代理的 Trap。因此，从操作和控制的角度看，网管工作站"管理"着许多代理。同时，SNMP 代理程序也能对多台网管工作站的轮询请求作出响应，形成一种一对多的关系。

### 3. 管理信息库 MIB

MIB 是一个信息存储库，安装在网管工作站上。它存储了从各台网络设备的代理程序那里搜集的有关配置、性能和运行参数等数据，是网络监控与管理的基础。MIB 数据库中存储哪些参数以及数据库结构的定义在 RFC1212、RFC1213 这样的文件中都有详细的说明。其中 RFC1213 是 1991 年制订的新的版本，增添了许多 TCP/IP 方面的参数。

## 4. SNMP 通信协议

SNMP 通信协议规定了网管工作站与设备中的 SNMP 代理程序之间的通信格式，网管工作站与设备中的 SNMP 代理程序之间通过 SNMP 报文的形式来交换信息。

SNMP 协议的通信分为：读操作 Get、写操作 Set 和报告操作 Trap 三种功能共五种报文，如表 11.1 所示。

表 11.1 SNMP 协议的五种报文

| SNMP 报文类型编号 | SNMP 报文名称 | 用 途 |
|---|---|---|
| 0 | Get-request | 网管工作站发出的轮询请求 |
| 1 | Get-next-request | 网管工作站发出的轮询请求 |
| 2 | Get-response | SNMP 代理程序向网管工作站传送的配置参数和运行参数 |
| 3 | Set-request | 网管工作站向设备发出的设置命令 |
| 4 | Trap | 设备中的 SNMP 代理程序向网管工作站报告紧急事件 |

网管工作站在轮询时，使用 Get-request 和 Get-next-request 报文请求 SNMP 代理程序报告设备的配置参数和运行参数，SNMP 代理程序使用 Get-response 包向网管工作站传送这些参数。当出现紧急情况时，设备中的 SNMP 代理程序使用 Trap 包向网管工作站报告紧急事件。

SNMP 的 5 种通信包如图 11.2 所示。

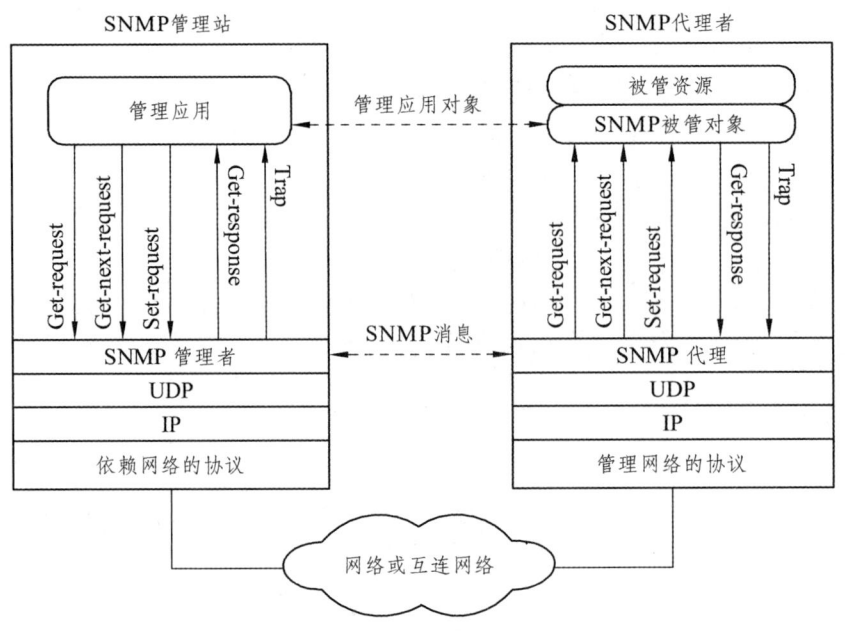

图 11.2 SNMP 的 5 种通信包

SNMP 协议使用周期性（如每 10 min）的轮询以维持对网络的实时监控，同时也使用 Trap 包来报告紧急事件，使 SNMP 协议成为一种有效的网络管理协议。

网络设备中的代理程序为了识别真实的网管工作站，避免伪装的或未授权的数据索取，使用了"共同体"的概念。从真实网管工作站发往代理的报文都必须包含共同体名，它起着口令的作用。只要 SNMP 请求报文的发送方知道口令，该报文就被认为是可信的。不过，这也并不是很安全的方式。所以，很多网络管理员仅仅提供网络监视的功能（get 和 trap 操作），屏蔽掉了网络控制功能（set 操作）。

## 11.2　网络防火墙

当一个机构将其内部网络与 Internet 连接之后，所关心的一个主要问题就是安全。内部网络上不断增加的用户需要访问 Internet 服务，如 WWW、电子邮件、Telnet 和 FTP 服务器。

当机构的内部数据和网络设施暴露在 Internet 上的时候，网络管理员越来越关心网络的安全。事实上，对一个内部网络已经连接到 Internet 上的机构来说，重要的问题并不是网络是否会受到攻击，而是何时会受到攻击。为了提供所需级别的保护，机构需要有安全策略来防止非法用户访问内部网络上的资源和非法向外传递内部信息。即使一个机构没有连接到 Internet 上，它也需要建立内部的安全策略来管理用户对部分网络的访问并对敏感或秘密数据提供保护。

### 11.2.1　什么是防火墙

防火墙是这样的系统，它能用来屏蔽、阻拦数据报，只允许授权的数据报通过，以保护网络的安全性。

网络在防火墙上可以很方便的监视网络的安全性，并产生报警。防火墙负责管理外部网络和机构内部网络之间的访问。在没有防火墙时，内部网络上的每个节点都暴露给 Internet 上的其他计算机，极易受到攻击。这就意味着内部网络的安全性要由每一台计算机的坚固程度来决定，并且安全性等同于其中最弱的系统。

防火墙允许网络管理员定义一个中心"扼制点"来防止非法用户，如黑客、网络破坏者等进入内部网络。禁止存在安全脆弱性的服务进出网络，并抗击来自各种路线的攻击。防火墙的安装能够简化安全管理，网络安全性是在防火墙系统上得到加固，而不是分布在内部网络的所有计算机上。

网络管理员必须审计并记录所有通过防火墙的重要信息。如果网络管理员不能及时响应报警并审查常规记录，防火墙就形同虚设。在这种情况下，网络管理员永远不会知道防火墙是否受到攻击。我们要使一个防火墙有效，所有来自和去往 Internet 的信息都必须经过防火墙，接受防火墙的检查。防火墙必须只允许授权的数据通过，并且防火墙本身也必须能够免于渗透。

### 11.2.2 防火墙的类型

通常，防火墙可以分为以下几种类型。

**1. 包过滤防火墙**

这种防火墙是在路由器中建立一种称为访问控制列表的方法，让路由器识别哪些数据报是允许穿越路由器的，哪些是需要阻截的，如图 11.3 所示。

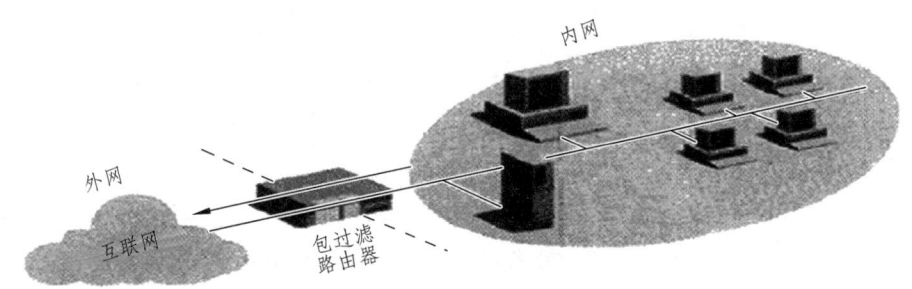

图 11.3 包过滤防火墙

**2. 代理服务器**

这种防火墙方案要求所有内网的计算机需要使用代理服务器与外网的计算机通信。代理服务器会像真墙一样挡在内部用户和外部计算机之间，从外部只能看见代理服务器，而看不到内部计算机。外界的渗透，要从代理服务器开始，因此增加了攻击内网计算机的难度。

**3. 攻击探测防火墙**

这种防火墙通过分析进入内网数据报中报头和报文中的攻击特征来识别需要拦截的数据报，以对付 SYN Flood、IP spoofing 这样的已知的网络攻击手段。攻击探测防火墙可以安装在代理服务器上，也可以做成独立的设备，串接在与外网连接的链路，装在边界路由器的后面。

### 11.2.3 包过滤防火墙

包过滤防火墙的核心是称作"访问控制列表"的配置文件，由网络管理员在路由器中建立。包过滤路由器根据"访问控制列表"审查每个数据包的报头，来决定该数据包是否要被拒绝还是被转发。报头信息中包括 IP 源地址、IP 目标地址、协议类型（如 TCP、UDP、ICMP 等）、TCP 端口号等。

下面我们利用实例来介绍如何建立一个包过滤防火墙。

在图 11.4 的网络中，我们如果需要实现：只允许"172.16.3.0"网络访问"172.16.4.0"网络，但是"172.16.4.13"服务器只允许"172.16.4.0"内网中的计算机访问，不允许"172.16.3.0"网络访问。

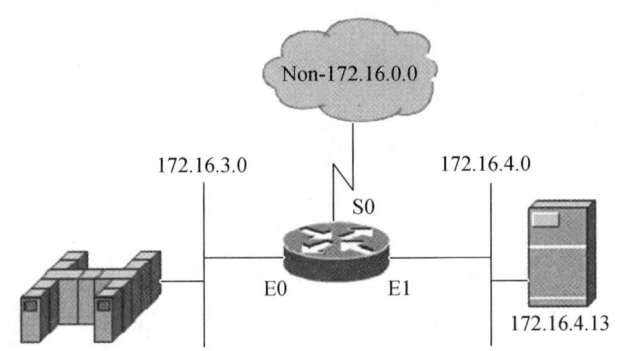

图 11.4　包过滤路由器防火墙的建立

我们可以用下面的命令来建立一个访问控制列表。

（config）# access-list 101 deny ip any 172.16.4.13 0.0.0.0
（config）# access-list 101 permit ip 172.16.3.0 0.0.0.255 172.16.4.0 0.0.0.255
（config）# access-list 101 deny ip any any
（config）# interface e1
（config-if）# ip access-group 101
（config-if）# exit
（config）#

上面六条命令，前三个命令建立了一个编号为 101 的访问控制列表。第四个命令进入到路由器的 e1 端口，并在第五个命令时把第 101 号访问控制列表捆绑到 e1 端口。

前三个命令建立访问控制列表。

第一条命令拒绝所有计算机发往"172.16.4.13"服务器的 IP 数据报。其语法格式如下。

"access-list"：创建访问控制列表语句的命令；
"deny"：表示拒绝满足后面条件的数据报；
"IP"：表示本语句针对 IP 数据报；
"any"：源计算机。Any 表示所有源计算机；
"172.16.4.13"：目标计算机；
"0.0.0.0"：4 个 0 表示数据报中的目标 IP 地址只有与"172.16.4.13"完全相同，条件才算成立。

第二条命令允许"172.16.3.0"网络的所有计算机发往"172.16.4.0"网络的 IP 数据报通过。其语法格式如下。

133

"access-list"：创建访问控制列表语句的命令；

"permit"：表示允许满足后面条件的数据报通过；

"IP"：表示本语句针对 IP 数据报；

"172.16.3.0"：源计算机；

"0.0.0.255"：表示数据报中的源 IP 地址只有高三个字节与"172.16.3.0"相同，条件才算成立。最低的字节不需要考虑。

"172.16.4.0"：目标计算机；

"0.0.0.255"：表示数据报中的目标 IP 地址只有高三个字节与"172.16.4.0"相同，条件才算成立。"255"表示最低的字节不需要考虑。

通过上面的例子我们可以看出，包过滤路由器对所接收的每个数据包做允许拒绝的决定。路由器审查每个数据报以便确定其是否与某一条访问控制列表中的包过滤规则匹配。过滤规则基于可以提供给 IP 转发过程的包头信息。包头信息中包括 IP 源地址、IP 目标地址、TCP/UDP 目标端口、ICMP 消息类型。包的进入接口和转出接口，如果有匹配并且规则允许该数据包，那么该数据包就会按照路由表中的信息被转发。如果匹配并且规则拒绝该数据包，那么该数据包就会被丢弃。如果没有找到与访问控制列表中某条语句的条件匹配，这个数据包也会被丢弃。

包过滤路由器的优点如下。

已部署的防火墙系统多数只使用了包过滤器路由器。除了花费时间去规划过滤器和配置路由器之外，因为访问控制列表的功能在标准的路由器软件中已经免费，实现包过滤几乎不需要额外的费用。由于 Internet 访问一般都是在 WAN 接口上提供，因此在流量适中并定义较少过滤器时对路由器的速度性能几乎没有影响。另外，包过滤路由器对用户和应用来讲是透明的，所以不必对用户进行特殊的培训和在每台计算机上安装特定的软件。

包过滤路由器的缺点如下。

定义数据包过滤器会比较复杂，因为网络管理员需要对各种 Internet 服务、包头格式以及每个域的意义有非常深入的理解。如果必须支持非常复杂的过滤，过滤规则集合会非常的大和复杂，因而难于管理和理解。另外，在路由器上进行规则配置之后，几乎没有什么工具可以用来审核过滤规则的正确性，因此会成为一个脆弱点。

任何直接经过路由器的数据包都有被用作数据驱动式攻击的潜在危险。我们已经知道数据驱动式攻击从表面上来看是由路由器转发到内部计算机上没有害处的数据。该数据包括了一些隐藏的指令，能够让计算机修改访问控制和与安全有关的文件，使得入侵者能够获得对系统的访问权。

一般来说，随着过滤器数目的增加，路由器的吞吐量会下降。可以对路由器进行这样的优化抽取每个数据包的目的 IP 地址，进行简单的路由表查询，然后将数据包转发到正确的接口上去传输。如果打开过滤功能，路由器不仅必须对每个数据包作出转发决定，还必须将所有的过滤器规则施用给每个数据包。这样就消耗了 CPU 时间并影响系统的性能。

IP 包过滤器可能无法对网络上流动的信息提供全面的控制。包过滤路由器能够允许或拒绝特定的服务，但是不能理解特定服务的上下文环境/数据。例如，网络管理员可能需要在应用层过滤信息以便将访问限制在可用的 FTP 或 Telnet 命令的子集之内，或者阻塞邮件的进入及特定话题的新闻进入。这种控制最好在高层由代理服务和应用层网关来完成。

## 11.3　网络地址转换

如图 11.5 所示，如果在边界路由器上加装地址转换程序 NAT（Network Address Translation），每当在内部网络的计算机需要连接外网时，NAT 就会隐藏其源 IP 地址，并动态分配一个外部 IP 地址来取代。这样，外部用户就无法得知你的内部网络的地址，这个转换内部网络 IP 地址的动作就叫作网络地址转换 NAT。

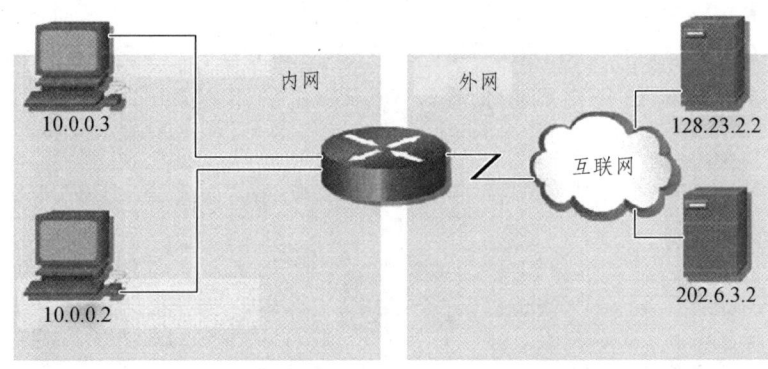

图 11.5　在边界路由器上加装地址转换

当内网计算机"10.0.0.2"需要访问外网计算机"202.6.3.2"，数据报在流经路由器时，路由器中的 NAT 程序会将数据报头里的源 IP 地址"10.0.0.2"更换为某个公开的 IP 地址，如"179.9.8.20"。并将转换情况保存到自己内存中如图 11.6 所示的 NAT 表中。外部计算机"202.6.3.2"发往内网计算机"10.0.0.2"的数据报中，其目标 IP 地址会是"179.9.8.20"，而不是"10.0.0.2"，因为它不知道"10.0.0.2"这个真实地址。从外网来的数据报，路由器中的 NAT 程序通过查 NAT 表，会更换目标地址为内网 IP 地址"10.0.0.2"，再发送到内网里来。

| NAT Table | | |
|---|---|---|
| 内网计算机IP地址 | 内网计算机外部IP地址 | 外网计算机IP地址 |
| 10.0.0.2:1331<br>10.0.0.3:1444 | 179.9.8.20:1331<br>179.9.8.80:1444 | 202.6.3.2:80<br>128.23.2.2:80 |

图 11.6　NAT 表

通过图 11.6 还可以看到"10.0.0.3"计算机的数据报,源 IP 地址"10.0.0.3"已经被更换为公开的 IP 地址"179.9.8.80"。

可见,地址转换 NAT 技术的使用,也为网络提供了一种安全手段。

地址转换 NAT 技术不仅为网络提供了一种安全机制,也常用于没有足够的公开 IP 地址。例如一个单位只申请到 100 个公开 IP 地址,可是内网中有 1 000 台计算机需要连接到互联网。使用 NAT 技术,就可以在内网中使用内部 IP 地址。当数据报需要流出内网时,由 NAT 负责将源 IP 地址更换为互联网中合法的公开 IP 地址。当连接结束后,公开 IP 地址将被 NAT 程序收回,以备其他计算机在与互联网通信时使用。

NAT 程序的工作,需要在路由器上为其配置一定的公开 IP 地址。当公开 IP 地址被全部占用的时候,无法分到公开 IP 地址的数据报将被终止传输。

一种称为端口地址转换 PAT(Port Address Translation)的技术可以使有限的公开 IP 地址,为更多的内网计算机同时提供与外网的通信支持。极限的情况,可以用一个公开 IP 地址为数百台内网计算机提供支持。

在图 11.7 中,内网只有一个公开 IP 地址"179.9.8.20"。内网的计算机只能以这一个地址连接互联网。虽然"10.0.0.2"计算机和"10.0.0.3"计算机同时访问外网,但是 PAT 能够很好地用端口号来判断是哪一台计算机的报文包。

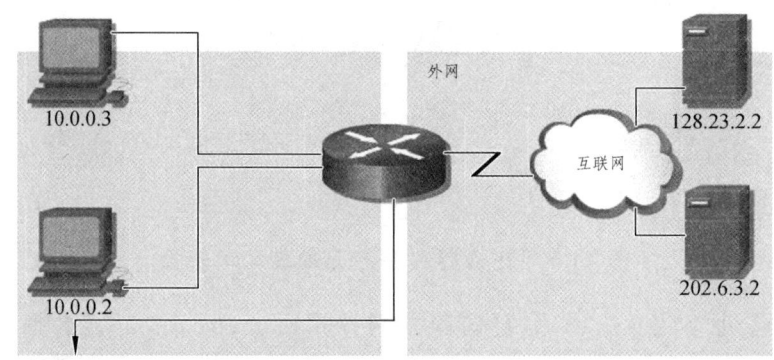

图 11.7  PAT 地址转换

# 参考文献

[ 1 ] 张公忠，张华. 现代网络技术教程[M]. 3版. 北京：电子工业出版社，2012.
[ 2 ] 吴功宜，郑基强. 计算机网络教程[M]. 2版. 北京：中国铁道出版社，2014.
[ 3 ] 吴企渊，柳明义. 计算机网络应用技术教程[M]. 北京：清华大学出版社，2013.
[ 4 ] 高传善，李明琪. 信息网络技术原理[M]. 北京：机械工业出版社，2013.
[ 5 ] 张基温，张明俞. 计算机网络[M]. 2版. 北京：人民邮电出版社，2015.